手工饰品定制技法大全
（视频教学版）

马楠楠 著

张文宗 李聪杰 摄影

人民邮电出版社
北 京

图书在版编目（CIP）数据

手工饰品定制技法大全 ：视频教学版 / 马楠楠著；
张文宗，李聪杰摄影. -- 北京 ：人民邮电出版社，
2019.4
ISBN 978-7-115-49657-7

Ⅰ. ①手… Ⅱ. ①马… ②张… ③李… Ⅲ. ①手工艺
品—制作 Ⅳ. ①TS973.52

中国版本图书馆CIP数据核字(2018)第236802号

内 容 提 要

随着人们生活水平的提高，手工定制产品越来越受到欢迎。

本书汇集了目前广受欢迎的多种手工饰品类型，不仅包含热门的新娘发饰、欧洲高级定制配饰，还有中国国粹经典真羽点翠饰品。每一种饰品精选 2～3 个难易适中且效果出众的案例来进行详细分步图解。全书共 9 章，包括手作烫花配饰、手作珠绣配饰、立体昆虫配饰、手作帽子配饰、中式发饰、中式真羽点翠、手工皇冠配饰、热缩花卉配饰和立体花卉配饰，通过带领读者制作不通类型的饰品，讲解了多种国内外热门手工技法。同时本书配有 4 个免费拓展的视频教程，读者可以扫描封底二维码观看。

本书是一本适合手工爱好者、服装设计师、造型师、化妆师，以及想从事饰品定制行业人群的手工饰品制作学习的书。

◆ 著 马楠楠

摄 影 张文宗 李聪杰

责任编辑 王雅倩

责任印制 陈 犇

◆ 人民邮电出版社出版发行 北京市丰台区成寿寺路 11 号

邮编 100164 电子邮件 315@ptpress.com.cn

网址 https://www.ptpress.com.cn

涿州市般润文化传播有限公司印刷

◆ 开本：787×1092 1/16

印张：11.5 2019 年 4 月第 1 版

字数：424 千字 2024 年 8 月河北第 9 次印刷

定价：128.00 元

读者服务热线：(010)81055296 印装质量热线：(010)81055316
反盗版热线：(010)81055315
广告经营许可证：京东市监广登字 20170147 号

谨以此书，献给手工定制路上共同奋斗的设计师！
让我们用双手和智慧，创造艺术与商业的完美结合。

目录

中式新娘凤冠

欧式宫廷皇冠

羽毛蝴蝶

立体飞虫

欧式复古珠绣耳饰

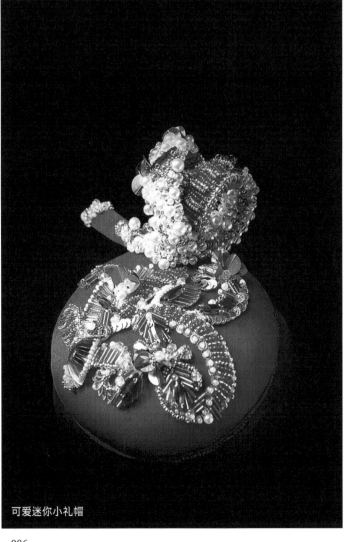

可爱迷你小礼帽

秋冬奢华丝绒礼帽

清新自然新娘头饰的制作方法

立体蜻蜓

新娘优雅大礼帽

森系新娘花环

浪漫花卉胸针

· 第1章 ·

手作烫花配饰

1.1 常用工具及使用方法

1.1.1 烫花器介绍和使用方法

01 烫花器介绍

烫花器是一种加热工具，它可以辅助完成烫花作品。烫花器分为手柄和烫头两部分，可拆分组装。烫花器有加热调节器和金属管部分。金属管部分的下端有散热孔，上端有内径为7mm的烫头嵌入孔，可以在此位置固定各种烫头来完成不同花形和叶形的制作。

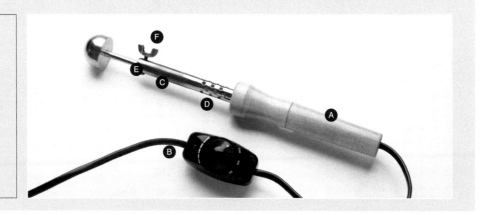

- Ⓐ 烫花器手柄
- Ⓑ 温度调节钮
- Ⓒ 金属管部分
- Ⓓ 金属散热孔
- Ⓔ 烫头嵌入孔
- Ⓕ 烫头固定钮

02 烫头介绍

烫头有不同样式和大小可以选择，不同的烫头可以烫出不同的花形，在书中的案例中通过不同的烫头来完成不同的作品。首先了解一下几种常用的烫头。

半球镘

有很多型号，不同的型号可以制作不同大小的花瓣，可烫大型花片，也可以烫多瓣的小型花片。

瓣镘

一般有大、中、小三个型号，可以用其来烫花瓣，还可以让花瓣变得富有造型。

筋镘

也分大、中、小三个规格，因为在烫镘上有经络凹槽造型，所以可以烫出有经络纹理的花瓣。

斜茎镘

可以将布条穿上斜茎镘烫头孔内，烫出斜茎造型。

刀镘

形状似刀，可以使用其烫出花或叶的脉络或者线条痕迹。

卷边镘

可以将花瓣或者叶子的边缘烫至卷翘，使花瓣或叶子变得更加婀娜多姿。

铃兰花镘

烫头比较小，可以烫出小型的铃兰花。

03 烫花器的使用方法

下面为大家介绍一下烫花器的使用方法。

A

在确保烫花器完全冷却并未插电的状态下，拧松烫花器烫头嵌入孔的旋钮。

B

将需要的烫头插入烫头嵌入孔内，将烫头嵌入孔卡在烫柄的固定旋钮上，拧紧烫花器的固定旋钮。

C

连接烫花器电源，将温度调节器拧转到合适的温度，进行预热。

D

准备一条半湿的毛巾，温度预热好后，在开始烫花前，将烫头在毛巾的上面按压一下，以达到降温的效果。

E

用力握住烫花器的手柄，开始进行烫花制作。

04 使用烫花器注意事项

烫花器属于高温工具，所以在使用的时候需要注意以下几点。

 A
 B
 C
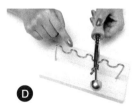 D

A 在连接电源或烫花器已经有温度的时候，手不要碰触木柄以外的任何部分，以免被烫伤。

B 在烫花器没有切断电源或没有完全冷却时，不要使用任何工具拧转烫头嵌入孔的固定转钮。烫花器在高温下，转钮会变软，强扭会容易折断。

C 烫花器在使用时或者使用后，可以将其架在烫花器支架上。不要将其直接放置在桌面，以免因高温而损坏桌面。

D 烫花器没有冷却的时候，请勿触碰烫花器支架金属部分，以免被烫伤。

1.1.2 布料及布料上浆技法

01 布料

经常会用到以下几种布料来造花。

> 📍 其实可以任意选择布料。在造花之前可以先剪一小块布料进行染色和烫制尝试，有的布料上色不易均匀，有的不易造型。其实不同类型的布料可以制作成不同风格的花，大家可以多多尝试。

A 可以使用上浆后的棉锻，上浆后的棉锻更好造型，适合多种花卉的制作。

B 真丝电力纺在造花中使用比较多，比较好造型，适合制作成大型花瓣。

C 真丝欧根纱属于纱类，易造型、易上色，适合做材质通透的作品。

D 亮缎有光泽，易上色、易造型，适合多种花卉。

E 真丝欧根缎易造型，有肌理质感，材质偏厚。

F 白坯布价格实惠，比较好上色，适合做复古风格的花卉，适合初学者的练习。

02 布料上浆技法

针对有的布料比较软，有的布料比较容易脱丝等问题，可以通过将布料上浆来解决。这样布料不仅会变硬，而且更容易塑形。

传统的上浆方法有很多种，这里只讲一种实用、简单，比较适合造花的上浆方法。

Ⓐ 取一个器皿将南宝树脂胶和水以1：10的比例进行勾兑，并充分搅拌,至均匀。

Ⓑ 将裁剪好的布料放入器皿中，充分浸湿。

Ⓒ 将浸湿好的布料放置在阴凉位置，自然晾干即可。

1.1.3 裁剪及金属钳工具

经常会用到以下几种工具来造花。

剪刀

建议大家可以准备两把以上的剪刀，一把用来裁剪布料，另一把用来剪一些铁丝、花茎等其他材质。

锥子

用来戳孔，使用时下面可以垫一块海绵垫。

镊子

用来夹住花片以便上色或者晾干等。

切线钳

可以帮助修剪铁丝等金属材质的线。

尖嘴钳

用来将铁丝等金属材质固定和塑形。

圆嘴钳

用来将铁丝等金属弯曲并塑形成圆形。

1.1.4 花蕊材料

一般通过三个方面来考虑花蕊材料的选择：材质、尺寸和造型。

Ⓐ 材质

材质可以分两种。

第一种是可上色的石膏材质，它的优点在于可以通过染色颜料将花蕊染成想要的各种颜色。

第二种是不可上色的材质，其优点在于可以根据喜欢的颜色直接购买染好颜色的花蕊；而且不可上色的材质还有很多选择，比如珍珠、水晶、树脂等等。

Ⓑ 尺寸

花蕊的尺寸有很多种，可以根据塑造不同的花卉来选择所需的尺寸。有的花蕊比较长，适合花蕊裸露在外或者大型的花卉。花蕊短一些的，适合花蕊包裹在花瓣里或者小型的花卉，也可以根据需要用剪刀将花蕊修剪。

Ⓒ 造型

花蕊还可以分很多的造型，有的花蕊比较大，有的则比较小；有的比较尖，有的则比较扁。可以根据作品的类型来选择。

1.1.5 烫垫

烫垫的选择一定要选择耐热的材质，比如海绵烫枕、荞麦壳烫枕。

📍 提示

如果选择的烫垫外表不是棉布材质，使用之前建议在外表包裹一层无色棉布。这样可以使烫垫不易受到高温烫花器的破坏，也可以避免颜料的侵蚀，使烫垫寿命更加持久。

1.1.6 染色颜料

染色颜料一般有两种选择。

Ⓐ 染色颜料

专业的染色颜料一般为粉状，需要使用温水进行调和使用，色泽均匀温润。建议一次不要调和过多，存放时间久了会有变质可能。

Ⓑ 丙烯颜料

丙烯颜料为膏状，是常用的染织颜料。可以直接上色，也可以调和后使用。相对来说，没有专业染色颜料均匀，可以使用在局部。

1.1.7 胶水

南宝树脂胶，白色乳状，专门用来粘布料材质，也可以用来为布料上浆。

📍 提示

南宝树脂胶是一种比较容易变干的胶水，所以在使用时可以分装成小份，也可以取一部分出来单独使用，使用后立即将盖盖严，放置阴凉处保存。

1.1.8 花茎铁丝

花茎铁丝有很多颜色可以选择，也有粗细型号之分。数字越大，铁丝越细；数字越小，则铁丝越粗。

📍 提示

花茎铁丝的不同颜色是由不同颜色的纸包裹而成的。花茎铁丝在储存的时候尽量不要弯折，保持原有的形态来保存。在取用白色的花茎铁丝时要保持双手清洁，以免弄脏铁丝。

1.1.9 笔类

造花时会用到的特殊笔类一般有以下两种。

Ⓐ 水消笔

适合使用在布料上，画图时质感类似于水彩笔，有各种颜色。遇水后所画痕迹则会消失，适合起稿。可以大胆地在布料上绘制，后期可以通过水洗将笔迹去掉，非常方便。

Ⓑ 毛笔

毛笔一般用于染色，建议使用由吸水性比较强的材质制作而成毛笔。可以购买多种型号，使用在不同大小的花形上。

1.2 清新自然新娘头饰的制作方法

1.2.1 材料及工具

上浆棉布

可以直接购买上浆棉布。如果购买的是未上浆棉布，也可以自己进行上浆，方法参考章节1.1.2。

水晶珠

准备透明小号水晶珠。

白铁丝

需要准备30号两种。

南宝树脂胶

此胶易干，可以少量多次取用，使用后尽快盖好盖子。

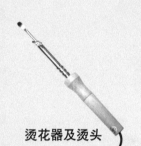

烫花器及烫头

这款造花只需要使用中号瓣镘即可。

水消笔

可选择任意颜色的水消笔。

画笔、颜料和调色盘

需要用温水调和并稀释颜料。

戳孔垫和烫枕

选择普通厚海绵的戳孔垫即可，建议外包一层棉布后使用。

花茎纸

选用绿色花茎纸。

花蕊

建议准备可以染色的花蕊。

锥子和剪刀

切线钳

1.2.2 制作步骤

1.首先在棉布上用水消笔画出大、中、小三种花卉图案。

2.用剪刀沿着画好的花卉图案剪好。

3.在调色盘里调好需要的颜色。

4.用毛笔蘸取颜料，为3种花片上色，注意上色前用水把水消笔的痕迹清除。

5.等上好色的3种花片完全干透后，用配有瓣镂烫头的烫花器沿着花瓣从边缘向中间按压。

6.用锥子在烫好的3种花片中心戳一个圆洞。

7.取一小簇花蕊对折。

8.用30号白铁丝将花蕊缠绕捆绑。

9.缠绕白铁丝时需预留离花蕊头部约1.5cm的距离。

10.将捆绑好的花蕊穿过3种花片，注意3种花片依次按照小、中、大的层次，从上到下地排列，错落叠放花瓣，效果更佳。

11.调整好后用树脂胶将花蕊和3种花片进行固定。

12.预留约8cm的花茎，剪去多余的白铁丝。

13.预留约0.5cm的根部，剪去花蕊多余的部分。

14.用手调整并按压花蕊，使花蕊分布更加美观。

15.截取一条约10cm的花茎纸，注意截取时斜剪出一个尖角。

16.蘸取适量树脂胶，均匀抹在花茎纸上。

17.将花茎纸沿着花的根部开始包裹，注意包裹时沿修剪的尖角的角度以倾斜方式包裹。

18.继续以倾斜方式包裹，直到完全缠绕所有花茎为止。

19.用剪刀修剪一条长度约9cm的棉布条。

20.用水消笔沿着一边的边缘画尖角齿形图案。

21.用剪刀按照齿形图案进行修剪。

22.用调色盘调色。

23.用毛笔将剪好的齿形布条上色，注意在上色前需要将水消笔的痕迹清除。

24.待齿形布条完全晾干后，用锥子在一侧边缘位置戳一个洞。

25.用30号白铁丝穿过戳好的洞。

26.预留约1cm长度的白铁丝，将其对折。

27.用树脂胶均匀涂抹整个布条。

28.用手捏住齿形布条的根部进行旋转。注意一边旋转，一边向下移动。

29.截取一条长约8cm的花茎纸。

30.涂抹树脂胶后用与步骤17至步骤18相同的方法进行包裹。

31.直到完全包裹好所有的花茎。

32.剪去多余的白铁丝。

33.截取一条长约10cm的30号白铁丝，穿上水晶珠。

34.预留约1cm的长度，将铁丝对折后再扭转固定水晶珠。

35.包裹花茎。

36.将一簇有色花蕊对折。

37.用30号白铁丝进行缠绕捆绑。

38.包裹花茎。

39.取一截长约15cm的30号白铁丝，包裹花茎。

40.包裹好后用手将白铁丝弯曲塑形。

41.将之前做好的花
朵、水晶珠、有色花
蕊和弯曲的白铁丝
进行组合，然后包
裹花茎。

42.包裹花茎纸，同
时修剪多余的花茎。

43.修剪好后用切线
钳剪取多余的铁丝。

44.将底部的花茎对折
并预留出可插卡子的
圆弧固定扣，用花茎
纸包裹固定即可。

45.剪去多余的花
茎纸。

46.一簇清新自然的
发饰就完成了，可以
多做几簇大小不一、
长短不一的花饰，根
据发型进行自由搭
配，既实用又百搭。

1.2.3 注意事项

📍 提示

Ⓐ 制作烫花作品的时候，注意烫花器温度高，需将烫花器放置
于安全位置。

Ⓑ 在烫花前需要先将烫花器在湿毛巾上进行降温，如果温度太
高会导致布料被烫煳而变黄。

Ⓒ 建议在调色时多次少量地添加颜料，以免放入过多而导致颜
色过于明艳。

Ⓓ 包裹花茎过程中涂抹胶水时，要注意保持手指干净，如果手指
上有过多胶水，会将胶水黏在花茎纸上，显得不够精致。

1.3 森系新娘花环的制作方法

1.3.1 材料及工具

棉布

可以直接购买上浆棉布。如果购买的是未上浆棉布，也可以自己进行上浆，方法参考章节1.1.2

欧根纱

可以直接购买上浆欧根纱。如果购买到的是未上浆的欧根纱，也可以自己进行上浆，上浆方法参考章节1.1.2。

白铁丝

需要准备18号和30号两种。

南宝树脂胶

此胶易干，可以少量多次取用，用后尽快盖好盖子。

烫花器及烫头

这款造花作品只需要使用中号半球镘。

水消笔

选择任意颜色水消笔。

画笔、颜料和调色盘

需要用温水稀释颜料。

戳孔垫和烫枕

戳孔垫选择普通厚海绵即可，建议外包一层棉布后使用。

双孔仿珍珠

准备直径为8mm的双孔仿珍珠。

花蕊、QQ线和银色铜丝

建议准备可以染色材质的花蕊；选择直径为0.4mm的铜丝。

锥子和剪刀

切线钳和圆嘴钳

1.3.2 制作步骤

1.首先需要把上好浆的棉布折成长条形状。

2.用剪刀沿着折痕剪开。

3.再用剪刀把长布条剪成几个正方形。

4.对折剪好的正方形棉布。

5.再次对折让其成为小正方形。

6.打开折叠好的正方形布料，用剪刀沿折痕剪开约四分之三。注意不要全部剪开，中心部分依然连接。

7.按原痕迹重新折叠好正方形，用水消笔画出单朵花瓣的形状。

8.用剪刀按照画好的花瓣形状修剪好。注意，正方形中心连接位置不要剪断。

9.开始上色，先将剪好的布料用清水刷湿。

10.将调好的颜料滴进调色盘。

11.用毛笔沿花片外延开始着色。

12.使花片外沿与中心形成一个渐变效果。

13.花片晒干后用锥子在花片中心扎一个洞。

14.用烫花器把花片烫出弧度，并且富有立体感。

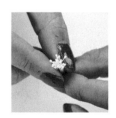

15.取几根花蕊组合成一小簇花蕊。

16.用30号白铁丝将花蕊捆绑起来。

17.用染色颜料将花蕊染色。

18.将花蕊穿过之前打好的洞孔。

19.在花片与花蕊衔接处涂抹树脂胶来固定。

20.用剪刀剪去多余的铁丝。

21.剪去多余的花蕊尾部。注意不要剪过白铁丝缠绕处。

22.用手指轻压，调整花蕊的朝向。

23.用剪刀将欧根纱剪成长条。

24.用染色颜料将剪好的欧根纱进行染色处理。

25.将晾好的欧根纱头部修剪成斜三角形。

26.在做好的花茎上均匀涂抹上适量树脂胶。

27.将欧根纱条缠绕在白色花茎上。注意，沿向下方倾斜的角度进行缠绕。

28.缠绕适量长度后用剪刀剪去多余的欧根纱。

29.剪一块正方形的棉布。

30.用染色颜料将棉布染色，晾干即可。

31.用手指在正方形棉布上均匀涂抹树脂胶。

32.取一截比正方形棉布对角线长约1cm的30号白铁丝。

33.将白铁丝沿正方形棉布对角线的角度平放。

34.将一样大小的正方形棉布块对齐并在上面按压，使其黏合。

35.待南宝树脂胶半干时以白铁丝为中心进行对折。

36.用剪刀修剪成半圆形的树叶形。

37.剪好后不要打开，直接将树叶进行扭转以塑造出树叶婀娜多姿的形态。

38.用和步骤27至步骤28相同的方法来包裹树叶的叶茎。

39.取一颗直径为8mm的双孔仿珍珠，穿到一截白铁丝上。

40.将铁丝对折至珠子下方，进行扭转以固定。

41.固定好后取一块染好色的正方形棉布进行包裹。

42.用QQ线将根部缠绕以固定。

43.剪去多余的QQ线。

44.剪去多余的棉布。注意小心修剪，不要剪断白铁丝花茎。

45.在修剪好的球形果实根部涂抹适量的树脂胶。

46.用和步骤27至步骤28相同的方法来包裹果实的叶茎。

47.将两根18号的白铁丝衔接起来。

48.用直径为0.4mm的银色铜丝进行缠绕固定。注意每一圈的缠绕须整齐并紧实。

49.用切线钳剪去多余的白铁丝。

50.用圆嘴钳将花环两边卷出用于方便固定发卡的圆圈扣。

51.用和步骤48一样的手法将折叠过来的白铁丝固定。

52.将白铁丝制作成一个花环底托，左右两边用相同的方法。

53.将做好的花、叶、果实进行组合，用与步骤27至步骤28相同的方法再次包裹叶茎，使其组合成一小簇。

(1.3.3) 注意事项

54.用与步骤27至步骤28相同的方法将花簇组合到做好的花环底托上。

55.将多个组合好的花簇进行固定。

56.这样，一个漂亮的花环发饰就制作完成了。

📍 提示

Ⓐ 制作烫花作品的时候，注意烫花器温度较高，需将烫花器放置于安全位置。

Ⓑ 在烫花前需要先将烫花器用湿毛巾降温，如果温度太高会导致布料被烫煳而变黄。

Ⓒ 欧根纱材质比较薄，所以在上色的时候比较容易吸色。可以缩短上色的时间，晾干的时间也比其他材质要快。

Ⓓ 在捆绑铜丝的时候一定要尽量整齐排列铜丝，这样才会显得精致。收尾的时候需小心操作，注意不要划伤手指。

1.4 浪漫花卉胸针的制作方法

（1.4.1） 材料及工具

亮缎和欧根纱

可以直接购买上浆亮缎和欧根纱。如果购买的是未上浆亮缎或欧根纱，也可以自己进行上浆，方法参考章节1.1.2。

绘图纸、铅笔和橡皮

白铁丝

需要准备30号白铁丝。

南宝树脂胶

此胶易干，可以少量多次取用，用后尽快盖好盖子。

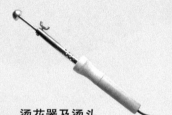

烫花器及烫头

这款造花作品需要使用大号和小号半球镘。

珠针

画笔、颜料

颜料需要用温水稀释后使用。

调色盘和托盘

烫枕

吸水纸

镊子和剪刀

别针金属配件

1.4.2 制作步骤

1.首先需要在绘图纸上绘出花瓣的图形。

2.一共需要绘制4种大小各异的花瓣，剪好备用。

3.取一块亮缎，进行折叠，折叠4层为宜。

4.将之前绘制好的花瓣图样放在布料下方进行描样，注意绘制在布料哑光的一面。

5.需要每种花瓣绘制3组。

6.用小珠针将几层布料上的花瓣逐一进行固定。

7.用剪刀将花瓣逐一修剪好。

8.剪好后检查一下每一组有4层布料，每种花瓣共有12片。

9.去掉小珠针，注意不要将花瓣散开，直接将每组花瓣铺在调色盘里。

10.开始调色，可以加入一些红色、黄色、灰色和绿色，调和出一个比较温和且饱和度较低的颜色为佳。

11.用吸水纸将花瓣上多余的水分吸干。注意不要吸得特别干，花瓣上的水分也不要过多，适中即可。

12.开始染花瓣，用毛笔蘸取颜料，以点的形式，多次少量地上色，上好色后放置一边，晾干。注意花瓣呈渐变效果，花瓣下方的位置可以留白。

13.取一块欧根纱，整块上色。

14.上色时可以用红色、黄色、绿色、棕色和黑灰色进行调和，使其降低饱和度，并且不要染太匀。染好色后放置一边晾干。

15.打开烫花器，预热。预热好后在湿毛巾上蘸一下以降温，有"吱吱"的声音即可，准备烫花瓣。

16.用烫花器将花瓣边缘熨烫一下。

17.使用烫花器使劲按压花瓣，使其变为弧形，可以多次按压。使每个花瓣略有不同。

18.大号花瓣使用大号圆镘，小号花瓣使用小号圆镘。

19.每片花瓣都需要熨烫，一共需要熨烫48片。

20.用手揉搓花瓣边缘，使花瓣边缘变得卷翘，为花瓣增加表情，使其变得更加婀娜多姿。

21.所有花片都需要揉搓，可以从5~6个方向来揉搓每片花瓣的边缘。

22.在花瓣尾端涂抹适量南宝树脂胶。

23.将大小一样的两片花瓣进行黏合，注意黏合的时候需要错开一些，并且保持花瓣弧形朝向一面。所有的花瓣都进行两两组合。

24.将一根30号白铁丝分为两段以备用。

25.将两两粘好的花瓣再次组合，在每一组花瓣根部涂抹南宝树脂胶。

26.将之前剪好的30号白铁丝放置在涂抹了南宝树脂胶的花瓣之间，注意铁丝的位置在花瓣下半部三分之二处。

27.将相同大小的花瓣再次组合并黏合，这样目前就是每4组花瓣为一个组合。

28.将花瓣组全部制作好，一共12组，晾干待用。

29.将最小的3组花瓣组合，3组花瓣环环相扣，将花瓣调整到最佳位置，将根部白铁丝拧紧并固定。

30.然后将剩余的花瓣逐层组合，越往外层花瓣越大。

31.每贴一层就将根部的白铁丝拧转，加以固定。

32.最后将最大的一组花瓣调整在比较合适的位置并固定。

33.将根部所有的白铁丝拧紧并固定好。

34.用镊子将花瓣整体调整，可以轻轻拧转花瓣的方向和位置，达到最佳效果。

35.用剪刀将染好的欧根纱一分为二，并将其中一半裁剪成6片正方形，用来制作叶子。剩余的一半暂时不需要修剪。

36.可先将欧根纱剪成长8cm，宽8cm的尺寸即可。

37.在欧根纱上涂满南宝树脂胶。

38.将30号白铁丝放置在两片欧根纱之间，注意白铁丝呈45度角，斜着摆放。

39.将粘好白铁丝的欧根纱晾至半干状态。

40.将欧根纱以白铁丝为中心折叠。

41.用剪刀将欧根纱折叠过来的一面进行修剪，修剪成半弧状，注意尽量将树叶修剪成较长、较尖的形状。

42.打开折叠的欧根纱，检查一下树叶的形状是否美观，也可以折叠后再次进行修剪。

43.修剪好后将欧根纱再次对折并且拧转，注意到此步骤时欧根纱中间的南宝树脂胶还是处于没有完全晾干的状态。

44.打开拧转的树叶，此时树叶变得婀娜多姿并且非常自然。再用制作3片树叶。

45.将树叶与之前制作好的花进行组合，调整树叶和花的位置。

46.将剩余的另一半欧根纱修剪成长布条，宽度约2cm。

47.将修剪好的长条头部用剪刀修剪成斜三角形。

48.在欧根纱条上涂抹南宝树脂胶。

49.将涂抹好胶的欧根纱条从花的根部白铁丝处，以螺旋式缠绕捆绑。

50.在每捆绑缠绕约2cm处添加树叶，然后继续缠绕捆绑。并同时涂抹南宝树脂胶，使欧根纱条上布满南宝树脂胶，继续缠绕。

51.将欧根纱条逐条衔接并捆绑，每一条都需要修剪成斜三角形，并且沿白铁丝螺旋式向下缠绕到最底端为止。

52.将多余的欧根纱条用剪刀剪掉。

53.再次调整花瓣和叶子到最佳位置。

54.取一个别针放置在制作好的花茎中部最外端。

55.再取一根染好色的欧根纱条并涂上南宝树脂胶，将别针配件进行捆绑。

56.捆绑好后剪去多余的欧根纱条。

57.最后检查一下别针金属配件是否结实。

58.一朵浪漫花卉胸针就制作好了。

1.4.3 注意事项

● 提示

A 制作烫花作品的时候，由于烫花器属于高温工具，注意将烫花器放置于安全位置。

B 在烫花前需要先将烫花器在湿毛巾上降温一下，以免其温度太高导致布料被烫煳而变黄。

C 修剪花片的时候要注意每一片花片边缘都要圆滑有型，如果修剪时出现齿状，需要单独仔细再修剪一下。

D 如果上色时候需要渐变效果，要在上颜色前用吸水纸吸一下花片上多余的水分，水分过多会影响渐变效果。

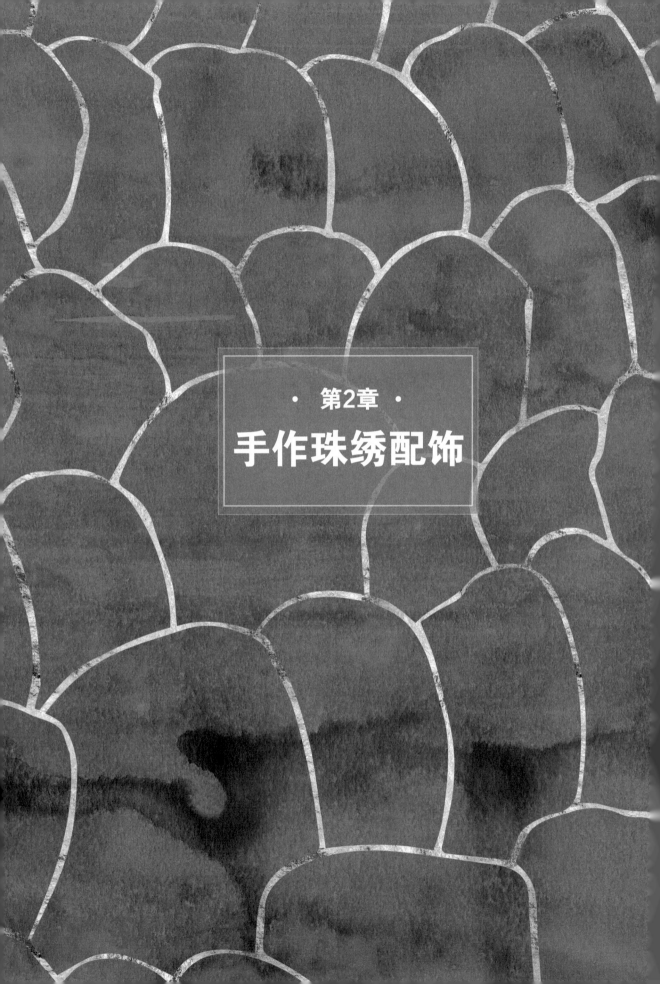

· 第2章 ·

手作珠绣配饰

2.1 常用工具及使用方法

(2.1.1) 珠子及钻的种类

珠子和钻的材质和种类繁多，有各种不同的颜色和不同的形状。在选择珠子和钻的时候，首先需要根据大小选择珠子或钻，然后根据需要绣制的作品再来选择材质。一般质量好的珠子或钻的保色时间会长，会更通透并且形状更规整。

(2.1.2) 布料

运用珠绣技法进行绣制时，需根据作品的需要来选择布料。无论什么种类，无论薄厚，只要选择密度适中的布料即可。

2.1.3 绣架

绣架是可以帮更好完成绣制的必备工具，市场上一般分为3种。

A 手持绣绷：尺寸比较小，使用起来比较方便，适合绣制尺寸较小的作品。一般手持的绣绷有树脂和竹子两种材质。

B 桌面绣架：尺寸适中，放置在桌面上，可以绣制中型尺寸的作品。

C 可旋转绣架：绣绷部分可以多角度旋转，尺寸有很多型号可选择，使用比较方便。

2.1.4 针的选择

由于珠绣技法需要在作品中穿制珠片，所以对于针的粗细有所要求。首先选择相对比较细一些并且上下一样粗细的针，这样才方便穿上珠片。其次针的长度也有所要求，在绣制过程中，可以根据需要来选择针的长度，建议购买珠绣专用针。

2.1.5 线的种类

线的种类多种多样，有不同的颜色和不同的粗细。材质一般分为棉质和丝质两种。质量好的线不易打结，并且更有韧性，不易断。

2.1.6 笔的选择

笔的选择一般有两种可以选择。

Ⓐ 水消笔

适用于浅色布料，颜色有很多选择，遇水就会消失。

Ⓑ 油性笔

适用于深色布料，可以很清晰地绘出图案。但是不可清除，在绘制后笔迹需要修剪掉。

2.1.7 剪刀及金属钳工具

01 剪刀工具

珠绣一般用到的剪刀有3种。

Ⓐ

剪裁布料的剪刀。

Ⓑ

剪金属等材质的剪刀。

Ⓒ

修剪绣线的尖嘴剪刀。

02 金属钳工具

Ⓐ 切线钳

可以切断铁丝等金属材质的钳子。

Ⓑ 尖嘴钳

用来将铁丝等金属材质进行固定和塑形的钳子。

Ⓒ 圆嘴钳

用来将铁丝等金属材质进行弯曲或塑造成圆形等造型的钳子。

(2.1.8) 胶水及锁边液

Ⓐ 南宝树脂胶

常用于黏合布料和布料上浆。

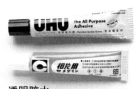

Ⓑ 透明胶水

B-7000、相片胶等都可以选择。质地透明，晾干后呈透明状，适用于黏合金属和树脂等材质。

Ⓒ 锁边液

将锁边液涂抹在布料边缘或者针脚边缘，可以让布料不易脱线。

(2.1.9) 铜丝　根据不同的粗细分为不同的型号，常用两种颜色：金色、银色。

2.2 宫廷蕾丝珠绣发饰的制作方法

2.2.1 材料及工具

绣绷

选择小号或中号手持绣绷。

蕾丝花片

选择白色的蕾丝。

蕾丝布条

选择材质略厚的白色蕾丝布条。

底衬

选择白色欧根纱或密度略高的网纱。

碗片

需要准备大号和小号两个型号。

针

选择珠绣专用的针。

线

选择白色棉线即可。

米珠

选择紫色系和绿色系米珠。

小彩珠

选择紫色系小彩珠。

水晶珠

需要选择大号和小号的透明色水晶珠。

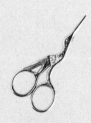

尖嘴剪刀

南宝树脂胶

2.2.2 制作步骤

1.挑选一片适合的蕾丝花片，绷在绣绷上，注意绣绷上蕾丝花片下面可以垫1~2块纱作为底衬。

2.用手将碗片捏一个印，使碗片变得更加立体。

3.在花片中选择适合的花朵，在花朵中心靠外边缘位置开始缝碗片花瓣。

4.从下向上出针，穿上一片大号碗片，再穿上一颗米珠。

5.隔过米珠穿回碗片的固定孔，并穿回绣绷背面。

6.用与步骤3至步骤5相同的手法，缝制一圈碗片花瓣。

7.继续在蕾丝花片稍靠中心位置出针。

8.缝制第二圈碗片。

9.第二圈的碗片尾端压在第一圈上面，使花朵呈现更加立体的效果。

10.继续在蕾丝花片更靠中心位置出针。

11.缝制第3圈的碗片，第3圈的碗片可以选择小一号的碗片，以显得更加丰富。

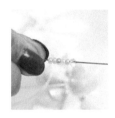

12.继续在蕾丝花片正中心位置出针，用针穿上几颗米珠，最后穿上一颗水晶珠。

13.隔过第一颗水晶珠，用针再穿回之前的米珠孔，再穿回绣绷背面。

14.重复步骤13，使花蕊更加牢固。

15.重复步骤12至步骤14，再制作一个花蕊，使两个花蕊立在花朵中心。

16.完成一朵花的制作后，可以多制作几朵。

17.用剪刀剪下制作好的花朵。

18.在花片背面的蕾丝布料上涂抹适量的树脂胶并晾干，使其变得更加硬挺。

19.剪一条线状蕾丝布条。

20.把多余的蕾丝修剪掉。

21.穿好针线，从线状蕾丝花片的顶端开始起针。

22.取一颗水晶珠开始缝制。

23.用大小不一的水晶珠自由缝制。

24.缝制时，拉紧水晶珠，减少空隙。

25.取一颗米珠穿插缝制在水晶珠之间。

26.在空隙处再缝制几颗小彩珠，可以多制作几条水晶条。

27.再修剪一些蕾丝花片，再缝制几朵水晶花。

28.将缝制好的碗片花朵、水晶花朵和水晶条进行组合并缝制。

29.闪亮奢华的水晶发饰就制作完成了。

(2.2.3) 注意事项

提示

A 碗片的排列可以正向放置，也可以反向放置。每一种排列都有不同的效果，可以多多尝试。

B 绣制之前，检查好绣绷，一定要绷平整，否则制作完成后会凹凸不平。

C 制作花蕊时，要保持花蕊立体和挺拔，建议同样的针法可以反复绣制多次，并且使线足够紧致。

D 最后在组合花片的时候可以先用珠针在头模上摆放设计一下，设计好位置再开始缝制，这样效果会更好。

2.3.1 材料及工具

绣绷

选择小号手持的绣绷。

内衬树脂片

一只耳饰准备两片，制作一对则
需要准备4片。

油性笔

丝绒布料

钻和珠类

准备马眼钻、水滴钻、圆形彩
钻、大号金球和小号金球。

针、线和尖嘴剪刀

耳钩配件和双孔天然珍珠

需要金色耳钩配件。

钻链

金珠和金片

准备小号金片和金色米珠。

"9"字针和球形针

切线钳和圆嘴钳

透明相片胶

也可以使用B-7000等相似的胶水。

2.3.2 制作步骤

1.将丝绒布料绷在绣绷上，固定好，将内衬树脂片放置在绣绷上，沿边缘绘制出外沿线。

2.绘制时两个椭圆形不要有交叉。

3.取一颗马眼钻放置在一个椭圆形中间，将上好线的针从后面沿马眼钻侧面固定孔位置出针，注意出针时可以在丝绒布料上先缝一针以固定，使其更加结实。

4.将针沿马眼钻上端的两个固定孔横向缝制。

5.穿过马眼钻后紧贴垂直下针，将针线穿回绣绷背面，注意此处可以重复绣一次，以达到更为牢固的效果。

6.将针移到马眼钻下端的两个固定孔位置，从绣绷背面再次出针。

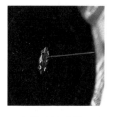

7.在紧贴马眼钻下端的两个固定孔位置将线拉出。

8.将针沿马眼钻下端的两个固定孔横向穿上。

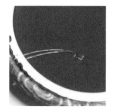

9.在贴紧马眼钻的另一侧垂直下针，将针线穿回绣绷背面，注意此处可以重复绣一次以达到更为牢固的效果。

10.将针贴近出线孔的根部挑起约1mm的布料来打结。

11.将线打结拉紧。

12.预留约1mm的距离，用剪刀剪去多余的线。

13.取一颗水滴钻，另起针线，从绣绷背面紧贴钻侧面的固定孔位置出针。

14.将针横穿进水滴形钻上端的固定孔并固定。

15.固定水滴钻下端的固定孔。

16.将线打结。

17.再一次预留约1mm的距离，剪断多余的线，同时把另一颗水滴钻也制作完成。

18.取一段长度约15cm的钻链。

19.在上端的水滴钻内沿出针，开始固定钻链。

20.在钻链第一颗钻与第二颗钻之间的钻链外沿垂直下针。

21.拉紧线，使线可以将钻链固定在绣布上，注意可以反复缝两针，使钻链更加牢固。

22.固定钻链上的每一颗钻。

23.沿之前缝好的马眼钻和水滴钻扭转钻链以塑造交叉的造型。

24.每一颗钻之间都需要用线固定。

25.将全部的钻固定好后，在背面挑起1mm的绣布，将其拉紧、缠绕并打结。

26.用剪刀剪去多余的线。

27.全部固定好后剪去多余的钻链。

28.这样完成耳饰中间部分的绣制。

29.制作两边的钻链装饰，注意扭转钻链时要保证钻链的每一颗钻的正面都向上，每一颗钻之间都需要用针线固定。

30.取一颗圆形彩钻，穿插缝制。

31.在上面缝制更多用于点缀的彩钻。

32.完成所有彩钻缝制，每一颗彩钻都需要打结、收线。

33.将绣布从绣绷上取下。

34.用剪刀将所绘制的椭圆形绣片修剪下来。

35.把耳饰背面的椭圆形也剪下来。

36.将胶水涂抹在椭圆形树脂片边缘。

37.将两个椭圆形树脂片黏合在一起并晾干。

38.另起针线，将两个绣片进行缝合，从中间向外出针。

39.沿绣片边缘依次进行缝合。注意全部从中间出针，再把线从两端拉回中间，从中间再次往另一个方向出针。反复操作，进行缝合。

40.缝合好后进行打结、固定。

41.用剪刀剪掉剩余的线。

42.另起针线，从刚刚收针的位置再重起一针，然后用针穿一片金片。

43.继续穿一颗米珠。

44.将金片和米珠一起推到耳饰的侧边。

45.绕过米珠，直接穿回金片，再穿回绣片。

46.用与步骤42至步骤45相同的方法沿耳饰一圈缝制金片和米珠。

47.完成后打结、固定，然后剪去多余的线。

48.取一根"9"字针，穿两颗大小不一的金球。

49.用切线钳剪断多余的"9"字针针尾。

50.用圆嘴钳将"9"字针尾部弯成一个圆形接口。

 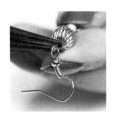   

51.在刚刚制作好的圆形接口处穿上耳钩。

52.用圆嘴钳夹紧封闭接口。

53.另起针线把刚刚制作的耳钩部分和耳饰主体进行缝合连接。

54.重复几针使耳钩更为牢固，然后打结并剪线。

55.取一根球形针，穿上一颗天然珍珠。

56.用切线钳剪掉多余的球形针针尾。

57.用圆嘴钳将球形针尾部弯成一个圆形接口。

58.另起针线，把刚刚制作的尾部珍珠装饰部分和耳饰主体缝合连接。

59.重复几针使尾部珍珠装饰更为牢固，然后收针打结。

60.用剪刀剪去多余的线。

2.3.3 注意事项

⚲ 提示

Ⓐ 修剪丝绒布料的时候，因为布料材质比较滑，可以慢一些修剪，一定要保持布料边缘圆滑。

Ⓑ 要选择和布料颜色相似的绣线，这样可以达到"隐形"的效果。

Ⓒ 天然珍珠有不同的颜色，可以根据需要来选择想要的颜色和形状。

Ⓓ 可以根据想要的效果，将钻链的装饰在耳饰上比一比，再缝制。也可以根据需要添加或减少钻链。

2.4.1 材料及工具

黑色不织布

油性笔

剪刀

针和线

珠片类

准备红色特大号钻、金色方形钻、特大号
方钻、小红珠、尖形水钻、金属椭圆珠、
金属装饰球、圆形中号钻、水滴中号钻、
水滴钻、红色圆片、金色小米珠。

金属装饰球和管珠

准备黑色、红色和金色
管珠。

细纹皮革

铜丝

选择直径为0.8mm的铜丝。

钳类

切线钳、圆嘴钳和尖嘴钳

镊子

弹力棉

耳夹配件

2.4.2 制作步骤

1.首先需要在黑色的不织布上分别绘出耳饰的3部分图形。

2.用剪刀沿绘好的图形边缘剪开。

3.剪出3部分图形后布置好不织布的位置。

4.取一颗红色的特大号钻放在剪好的最大不织布的中间位置,在钻侧面穿孔位置,从不织布下面向上出针。

5.入针后横向穿进特大号钻的穿孔位置,使针穿到钻的另一侧。

6.在特大号钻的另一侧由上而下穿回不织布的下方,将钻固定住。

7.然后需要把针从特大号钻的下方,从下方穿孔位置由下而上再次出针。

8.使针横穿上钻的下方钻孔位置。

9.穿好后由上而下使针穿回不织布下方。

10.反复一次,以便更好、更牢固地固定好钻。

11.在特大号钻的正上方,由下而上出针来固定一颗金色方形钻。

12.按照之前固定特大号钻的方式,横向穿上方钻钻孔。

13.固定方钻,同样可以反复针法再固定一次,使其更加牢固。

14.缝制好剩余6颗方钻,让7颗方钻以平均1cm的间隔围绕在特大号钻周围。

15.继续在沿方钻左侧根部开始由下而上出针。

16.穿上3颗小红珠后，在方钻的顶部位置，由上而下入针来固定好小红珠。

17.以同样的方式，在每一颗的方钻左侧都固定好一排小红珠。

18.在每一组方钻与小红珠之间填补缝制5颗管珠，颜色顺序分辨为黑色、红色、金色、红色和黑色，使其对称分布。

19.在所有的空隙处，缝制好一圈的管珠。

20.在管珠的上方，缝制一颗尖形水钻，使其更加富有层次感。

21.以与步骤20相同的方法在每一处管珠的上方都缝上一颗尖形水钻，一共7颗。

22.再取一颗金色椭圆形金属椭圆珠缝制并固定在正上方的方形钻的外边缘。

23.从缝制好的金属椭圆珠一侧，由下而上，出针，穿上10个红色圆片和9颗金色小米珠，注意使红色圆片和金色小米珠均匀交错、排好。

24.穿好的圆片和小米珠，使针在左侧的方形钻上方出针，形成一个半弧形，使其正好围绕在之前制作的管珠和尖形水钻周围。

25.用与步骤23至步骤24相同的方法，缝制好另一侧的圆片和小米珠。

26.需要在圆片和小米珠的尾端再缝制一颗金属椭圆珠，注意金属椭圆珠的位置应该正好在方钻的上方。

27.继续缝制圆片和小米珠。

28.缝制好上半圈的圆片和小米珠，使其围绕一周，并且上面5颗方钻的周边都有一颗金属椭圆珠。

29.改变剩余两颗方钻的位置，让金属椭圆珠和圆片小米珠装饰有不一样的层次变化感。需要多加两颗金椭圆珠并且让圆片和小米珠有一些变化。

30.在下面再缝一些水滴钻，让其更加富有变化。

31.以组的形式，缝制好7颗水滴钻。

32.缝制好后检查一下，现在的耳饰中段部分应该是对称的，每一颗钻紧密集中的，并且下方位置还有一些空隙。

33.将下面的空隙位置缝制一些同色系的金属椭圆珠，让其填满整块不织布。

34.这样，耳饰的中段位置就缝制完成了。

35.取一颗水滴中号钻，将其固定在耳饰下端部分的不织布上。

36.可以反复缝制一次，使其更加结实，注意水滴钻在不织布的正中间位置。

37.用之前缝制管珠的手法，将水钻的一周缝制好颜色间接的管珠，同样选择的是黑色、红色、金色三个颜色。

38.在缝制好的管珠上方，缝上几颗金属椭圆珠，和中段位置进行呼应。

39.继续在管珠上方缝制相同的圆片和小米珠。

40.缝制好一圈，缝制3组最为合适，这样就完成了耳饰下半部分的制作。

41.开始制作耳饰上半部的缝制，同样取一块圆形不织布和一颗圆形中号钻。

42.将钻按照之前的手法缝制在不织布正中间。

43.然后在圆形钻的周边缝制好一圈水滴钻，水滴钻之间需要有0.5cm的距离。

44.在水滴钻中间缝制两颗小红珠。

45.用与步骤44相同的手法缝制好一圈小红珠。

46.在间隙处用管珠填充满，这个部分选择金色管珠即可。

47.完成一圈的管珠缝制，此时不织布已经填充完整。

48.最后为了让整体更有层次感，在最外侧用小米珠装饰一下。

49.缝制好一圈，这样耳饰上半部分就制作完成了。

50.用剪刀修剪掉每一块不织布多余的部分，使3块不织布没有多余的部分。

51.取一块皮革，沿制作好的3部分边缘绘制。注意绘制时需要把皮革绘制成两块，把中部和下部合并在一起。

52.将绘制好的两块皮革修剪下来。

53.将两块皮革按照做好的形状再次精细修剪好。

54.用切线钳取一段直径为0.8mm的铜丝，铜丝的长度需要比整体耳饰略长一些。

55.用圆嘴钳将铜丝的一头弯成一个圆形。

56.从铜丝另一头穿上一颗金属装饰球。

57.将铜丝弯成圆形的一头固定在耳饰的上半部绣好钻石的背面正中间。

58.将金属装饰球推至耳饰上半部与中部之间并加以固定。

59.将耳饰缝制好的3部分进行组合。

60.将铜丝由上而下进行穿插，在铜丝最底端也用圆嘴钳弯成一个圆形，以便将铜丝上下两端固定。

61.固定好后将之前剪好的背面皮革和缝制好钻的正面缝合。

62.缝合时可以从内出针，以"8"字形进行上下缝合，注意针脚一定尽量密集和整齐。

63.在缝合耳饰上半部一半时需要将耳夹金属部分的底托部提前缝好。

64.继续把背面皮革和缝制好钻的正面进行缝合。

65.皮革缝合分上下两部分，把中间的金属装饰球卡住，不要有空隙。

66.注意缝制过程中，需要把上半部和下半部两部分都预留一个小口，先不要缝合。

67.用弹力棉从预留的小孔处填充。

68.填充后把预留的小孔也缝好。

69.用尖嘴钳把耳夹上部分的金属夹固定，在之前缝制好的下半部卡住。

70.这样耳夹就完成了，检查耳夹的方向以及耳饰整体是否已经缝合完整。

（2.4.3）注意事项

📍 提示

Ⓐ 由于油性笔不能遇水消失，所以需要将绘制痕迹用剪刀全部修剪掉即可。

Ⓑ 由于耳饰尺寸比较大，装饰材料又比较多，所以一定要使用大号耳夹来固定，不要使用耳钩以免佩戴时会使佩戴者感到不适。

Ⓒ 填充要使用弹力棉，这样相对会更轻，更有张力。

Ⓓ 皮革锁边的边缘要尽量整齐，这样会显得更加精致。

· 第3章 ·

立体昆虫配饰

3.1 常用工具及使用方法

3.1.1 珠子及钻的种类

钻饰一般有很多的规格和尺寸，它们质地比较闪耀，适用于绣制在各式布料上。钻饰也有很多的形状，一般背面会有固定孔，可以将其固定在布料上。

珠子的种类也是有各种材质和规格可以选择。

3.1.2 布料及皮革的选择

可以选择各种材质的布料来制作立体昆虫，案例里使用的是常见的几种布料。

A 不织布

有很多颜色，一般作为昆虫打底的布料使用。

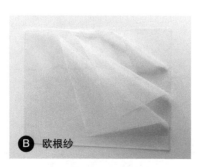

B 欧根纱

常用于昆虫的翅膀等透明部分。

C 皮革

可以选择有纹理质感的皮革作为立体昆虫的底衬。

(3.1.3) 绣绷的选择

一般立体昆虫的面积不大，使用绣绷就可以完成作品的绣制。绣绷选择的时候要选择比较紧的材质，目前市场有塑料和竹子两种材质可以选择。

Ⓐ 塑料绣绷

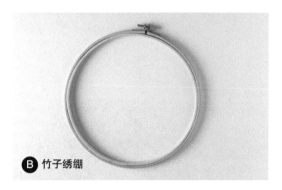

Ⓑ 竹子绣绷

> 📍 提示
>
> 在使用竹子绣绷之前，可以在周边缠绕一圈布条，这样可以使其更加紧固。

(3.1.4) 针的选择

针分为缝制珠片的针和锁边固定的针。一般绣制珠片的针，可以选择第2章里提到珠绣针；锁边固定的针，可以选择粗一些的缝纫针。

3.1.5 焊锡工具介绍及使用方法

01 焊锡工具介绍

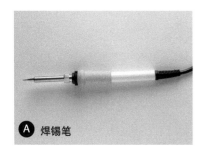

A 焊锡笔

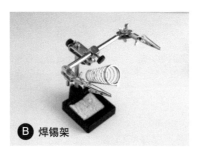

B 焊锡架

C 焊锡丝

焊锡笔是在制作昆虫身体部分常会使用到的工具，可以利用焊锡工具将钻饰等与金属材质链接固定。插入插头进行预热，等到笔头已经预热完成后，就可以使用了。

推荐带有夹子的焊锡架，方便用焊锡架将需要焊锡的对象固定，方便焊锡制作。焊锡架上的夹子也可以单独拧转卸下使用。另外焊锡架下方还有一块海绵，是用来清洗焊锡笔的。注意：海绵需要浸水，等其湿润膨胀后使用。

可以买无铅环保焊锡丝，相对比较好。

02 焊锡工具使用方法

A

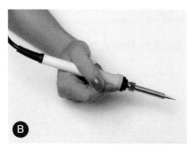

B

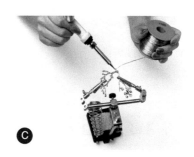

C

先用焊锡架固定住需要衔接的两个对象。

打开焊锡笔的电源，等待焊锡笔预热。

用焊锡笔融化焊锡丝，用其滴下的溶液将两件金属物体固定衔接。注意溶液会瞬间凝固，并且注意凝固的溶液接点不要有尖角，注意保持美观。

3.1.6 笔的选择

笔的选择一般有两种可以选择。

A 水消笔

适用于绘制在浅色布料上，有很多颜色，笔迹遇水就会消失。

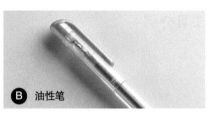

B 油性笔

适用于在深色布料绘制，可以很清晰地绘出图案。但是笔迹不可清除，需要被修剪掉。

3.1.7 剪刀及金属钳工具

01 剪刀工具

珠绣一般用到的剪刀有3种。

A

剪裁布料的剪刀。

B

剪金属等材质的剪刀。

C

方便修剪绣线的尖嘴剪刀。

02 金属钳工具

A 切线钳

用于切断铁丝等金属材质的钳子。

B 尖嘴钳

用来将铁丝等金属材质进行固定和塑形的钳子。

C 圆嘴钳

用来将铁丝等金属材质弯曲并塑形成圆形等造型。

3.1.8 胶水及锁边液

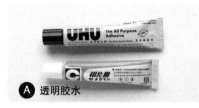

A 透明胶水

B-7000、相片胶等品牌都可以选择。透明胶水晾干后是透明的，适用于黏合金属、树脂等材质。

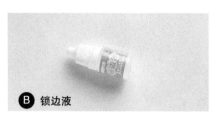

B 锁边液

一般涂抹于立体昆虫翅膀边缘，可以防止脱线。

3.1.9 金属丝

立体昆虫制作需要使用的金属丝一般分为两种。

A 铜丝

在第2章里介绍的铜丝，有不同规格和颜色。

B 印度丝

可以用来制作翅膀等地方。

提示

印度丝：此材质需要轻拿轻放，不可将其抻拉折断。

3.2.1 材料及工具

绣绷

选择小号手持的绣绷。

欧根纱

选择白色透明的欧根纱。

切线钳、剪刀和镊子

印度丝和铜丝

选择直径为0.4mm的铜丝。

针和线

羽毛

透明相片胶

透明类胶水都可以。

小金片、马眼片和长球针

需要选择超长球针。

珠类

需要小米珠、多面金属珠、
管形珠、长形米珠和小金珠。

钻类

准备扁形水晶钻、水晶圆钻
和钻珠。

锁边液

焊锡工具

3.2.2 制作步骤

1.首先取一块比绣绷大一些的欧根纱放置在绣绷上。

2.将绣绷外侧的圆形从上而下用力扣在绣绷内侧的圆形之上，使欧根纱牢固紧致地绷在两个圆形之间，这样的绣纱就绷好了。

3.用切线钳取一截长度约20cm的铜丝。

4.用剪刀取一段长度约15cm的印度丝。

5.将之前截取的铜丝穿插进修剪好的印度丝内。

6.将印度丝调整到铜丝的中间部分，同时弯曲两头的铜丝。

7.将印度丝以外的铜丝部分拧转并固定。

8.用手轻轻调整印度丝部分的造型，调整时一定注意不要破坏印度丝。将其调整成蝴蝶翅膀形状，同样的方法将4组蝴蝶翅膀分别制作好，注意翅膀的造型上下应有区别。

9.取针，穿好线并打结，将一个制作好的翅膀（上半部）固定在绣布上。从翅膀的基部开始从下而上出针，注意基部可以多缝几针，这样使翅膀更加牢固。

10.在紧挨着翅膀印度丝的部分由上而下，由内沿到外沿的方法将整个翅膀的固定。注意针脚与针脚之间的距离不得超过1cm，应尽量紧密，这样才会更加牢固。

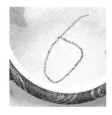

11.将整个翅膀固定好后拉紧绣线，注意最后一针的收针应保持针在绣绷下方的状态。

12.打结并剪断多余的绣线，就完成了一个翅膀的框架固定。

13.开始挑选羽毛，尽量选取一些大而饱满，并且中间没有残缺的羽毛，一共选8片。

14.用剪刀将羽毛修剪，剪去根部比较尖的部分，只留取上方宽大饱满的部分即可。

15.将印度丝上均匀涂满透明质地的胶水。注意只需要涂抹在印度丝上即可，其他地方不要涂抹。

16.将羽毛以放射状的方式来粘贴。

17.第二片羽毛也是一样的方向，注意羽毛要大于印度丝的轮廓，两片羽毛可以叠压，要保证印度丝内的羽毛没有空缺。

18.这样两片羽毛就粘贴好了，放置大概5分钟来晾干。

19.晾干后将针穿线并打好结，依然由翅膀基部开始从下而上出针，注意从印度丝的内沿位置出针。

20.穿上4片小金片和3颗小米珠。

21.沿着印度丝的内沿下针来固定这几颗珠片，然后再回到从原来基部出针的位置再次出针。

22.再一次穿过之前固定好的珠片，这样绣线依然在绣绷的正面，并且此时保持绣线刚刚穿过珠片，注意此时不要再下针。

23.再一次穿上相同的4片小金片和3颗小米珠，并以同样的方式进行固定。

24.重复以上步骤将蝴蝶翅膀上半部的一侧边缘绣制好。

25.在紧挨刚刚绣制好的珠片位置，由下而上继续出针。

26.穿上一片小金片和一颗小金珠，将它们压在绣布上。

27.绕过小金珠，将针直接穿回小金片的孔内，完成固定。

28.继续在紧挨刚刚固定的珠片组合进行由下而上出针。

29.穿上一片小金片和一颗小米珠进行组合固定。方法如上，绕过小米珠直接将针穿回小金片的孔内完成固定。

30.将蝴蝶上半部翅膀边缘全部绣制完成，打结收针。

31.再次起针打结，并从翅膀基部由下而上再次出针。

32.在基部位置固定一颗多面形金属珠。

33.在紧挨多面形金属珠的中间位置再次由下而上出针。

34.穿上10片双孔马眼片，将马眼片一边的孔全部穿入针内并压到绣布上。

35.在紧挨10片马眼片处下针，将线拽紧，使马眼片可以立在绣布之上。

36.将最外侧的一片马眼片平放在绣布上，由下而上将针穿上马眼片的另一侧孔内，完成一片马眼片的固定。

37.穿上米珠和马眼片，注意此时不需要将针再穿上绣布。

38.由上而下在最后一片马眼片的另一侧孔的位置下针，完成一组马眼片的绣制，此时马眼片应该可以形成一个半弧形。

39.在绣制好的马眼片半弧形之内由下而上出针。

40.穿上一颗管形珠和一颗长米形珠来装饰。

41.拉直绣线，在合适位置下针，完成固定，此时可以重复缝几针使珠子更加牢固。

42.用与步骤39至步骤41相同的方法，还可以再缝制几组，使空缺部分更加饱满。

43.在蝴蝶的翅膀的上半部分由下而上出针。

44.缝一颗扁形水晶钻来进行装饰和固定。

45.再次从基部出针，穿上几颗小金珠并进行固定，使翅膀更加丰富。

46.这样，上半部分的翅膀就制作完成了。

47.再取一个拧转好的蝴蝶下翼的印度丝框架，注意这个框架和之前的上半部的形状是不一样的。

48.再贴上一片羽毛。

49.重新起针并打结，从翅膀框架基部的内轮廓出针。

50.穿上一片小金片并将其推至绣布上，在邻近小金片的一侧由上而下出针。

51.继续在紧邻原位置处再次出针。

52.再穿上一片小金片，并将其推至绣布上。

53.同样在紧邻原位置处再次出针。

54.用与步骤49至步骤53相同的方法，把蝴蝶下翼周边全部缝制完成。

55.在翅膀基部出针，穿上一颗水晶圆钻，并加以固定。

56.在紧邻水晶圆钻处继续由下而上出针，并穿上3颗钻珠，并进行固定。

57.然后在钻珠两侧继续缝制两颗长形米珠，这样蝴蝶下翼也制作完成了。

58.按照与步骤3至步骤57相同的方法，制作出蝴蝶的4只翅膀。建议此时使用锁边液将蝴蝶翅膀背面都涂抹一下，这样翅膀会更加牢固。

59.用剪刀将4只翅膀从绣布上修剪下来，修剪的时候可以修剪大一些，一定不要剪断之前缝制的线。

60.再次将翅膀逐一精致地修剪，使翅膀更加完美。

61.将上翼对称放置，将基部的多余铜丝进行拧转固定，下翼也按同样的方法对称固定。

62.然后再将上翼和下翼拧转固定。

63.取一根长球针来制作蝴蝶的须，穿上不同的米珠和管珠来组合。

64.做好两根须后，再取一颗水晶钻，将两个须和水晶钻用焊锡笔焊在一起。

65.再取两颗水晶钻，注意水晶钻的选择需要有变化，要颜色协调大小微有不同。继续使用焊锡笔进行焊锡组合。

66.这样蝴蝶的身子和须就制作完成了。

67.将之前制作好的蝴蝶翅膀紧挨身子放置好，调整到最佳位置。起针穿线，由下而上，从蝴蝶的一侧翅膀基部开始出针。

68.穿上5颗小金珠，推至蝴蝶身子一侧根部并进行缠绕。使身子衔接的位置有小金珠的装饰，使其变得更为美观。

69.从蝴蝶翅膀的另一端下针，反复缠绕，使其身子和翅膀更为贴合结实。按同样的方法把下翼也制作好。

70.这样立体羽毛蝴蝶就制作完成了。

3.2.3 注意事项

📍 提示

Ⓐ 在修剪印度丝的时候一定要细致小心，因为此材质比较容易折断或被拉伸变形。

Ⓑ 要尽量选择大小和形状对称且相同的羽毛。

Ⓒ 在使用焊锡工具时，注意不要将焊锡溶液滴到皮肤上，以免被烫伤。

Ⓓ 如果焊锡架不好固定绣品材料，可以使用橡皮泥在桌面上进行固定。

3.3 立体蜻蜓的制作方法

3.3.1　材料及工具

欧根纱

绣绷

选择小号手持的绣绷。

切线钳

铜丝

选择直径为0.4mm的铜丝。

蓝色短管珠

米珠

钻类

剪刀

针和线

球形针

胸针配件

焊锡工具

(3.3.2) 制作步骤

1.首先取一块比绣绷大一些的欧根纱放在绣绷上。

2.将绣绷外侧的圆形从上而下用力扣在绣绷内侧的圆形之上，使欧根纱牢固紧致地绷在两个圆形之间，这样绣纱就绷好了。

3.用切线钳取一截长度约20cm的直径为0.4mm的铜丝。

4.用铜丝穿上约60颗米珠，置于铜丝中间。

5.将米珠两端的铜丝折在一起并固定，将铜丝塑形成长椭圆形，作为蜻蜓的翅膀。

6.将针穿好，线打好结。将刚刚制作好的翅膀部分放在绣布上，将针由下而上开始出针来进行缝制。出针的位置在翅膀基部内沿，将翅膀与绣布固定在一起。

7.每隔1cm用针围绕翅膀进行上下缝合加以固定。最后回到起始针翅膀基部位置，将针穿到绣绷背面，打结并用剪刀剪去多余的线。

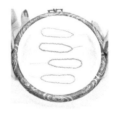

8.用与步骤3至步骤7相同的方法，缝制好4只翅膀，注意翅膀的方向是两两相对的。

9.重新起针穿线，将一颗蓝色的长椭圆形钻缝制在蜻蜓翅膀内上侧约三分之一的位置。

10.重新起针穿线，从蝴蝶翅膀基部的位置出针。

11.穿上4颗蓝色的短管珠，然后下针，固定好。

12.继续在原位置出针，在间隔2cm的位置下针。注意不穿制任何珠片，这部分只留下绣线即可。

13.继续在紧邻收针位置出针。

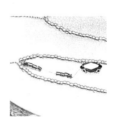

14.使用与步骤11至步骤12相同的方法，继续缝制4颗蓝色短管珠，然后缝制一段绣线，再缝制4颗短管珠。

15.此时翅膀上的一条线就缝制完成了。将针收到绣绷下面，打结以固定，用剪刀剪去多余的绣线即可。

16.重新起针，继续在翅膀基部出针，穿上6颗短管珠。

17.再绣制一段绣线，然后再缝制两颗短管珠，完成后继续再一次在翅膀基部出针。

18.在完成的两条线之间，仅用绣线绣制一条线。

19.需要分成几个部分来完成这条线，每绣制约2cm的长度需要重新收针，在紧邻收针的位置继续出针。

20.将这条线一直绣制到蜻蜓翅膀的边缘。

21.在翅膀上空缺的部分再缝制两条线，并且在翅膀尾端空缺的部分缝制5颗短管珠。

22.缝好后，将针出针到绣绷背面，打结，加以固定。

23.用剪刀将多余的绣线剪断，完成翅膀的绣制。

24.用同样的方法将蜻蜓的4只翅膀全部绣制完成，注意绣制的时候翅膀的图案是对称的。

25.将绣布从绣绷上取下，用剪刀沿翅膀轮廓向外约1cm的位置修剪下来。

26.将4只翅膀全部修剪下来，并将边缘修剪美观。

27.用9颗钻组合成蜻蜓的身子，并用焊锡笔将其固定好。

28.制作好蝴蝶的身子，可以选择同一色系的、不同大小、不同明度的钻。

29.取一根球形针，穿上8~9颗小米珠来制作蜻蜓的脚。

30.用焊锡笔将蝴蝶的脚连接固定在蜻蜓身子上。

31.用与步骤29至步骤30同样的方法，固定6条腿。

32.将两只对称的翅膀放置在制作好的身子下方，将铜丝拧紧，加以固定。

33.在翅膀基部由下而上出针。

34.在缝合两只翅膀之间穿上8~9颗小米珠，用于装饰。

35.从另一只翅膀基部下针来固定两个翅膀的位置。

36.将两只翅膀固定好，并用小米珠加以装饰，并完成固定。

37.用与步骤32至步骤36同样的方法，将下面的两只翅膀也缝制固定好。

38.可以在蜻蜓的背面缝制一个胸针配件，这样一款精致可爱的蜻蜓胸针就完成了。也可以在蜻蜓背面缝上发卡，将其作为头饰。

注意事项

📍 提示

Ⓐ 安装绣绷时一定要将布绷得紧致平整，否则会导致绣品不平整。

Ⓑ 欧根纱的修剪要注意需要预留一部分，制作时可以按照少剪多次的原则。

Ⓒ 焊锡工具使用时注意不要将焊锡溶液滴到皮肤上，以免被烫伤。

Ⓓ 如果焊锡架不好固定绣品材料，可以使用橡皮泥在桌面上固定。

3.4.1 材料及工具

黑色不织布

油性笔

剪刀和圆嘴钳

针和线

珠类

选择蓝色珠子、蓝色管珠、金珠、
五棱管珠、黑色圆珠、金色小米珠
和灰色米珠。

亮片类

采用蓝色大亮片、金色圆形小
亮片。

钻类

黑色有纹皮革

超长球针

弹力棉

镊子

胸针配件

3.4.2 制作步骤

1.首先在黑色不织布上绘出飞虫的图形。

2.用剪刀沿图形将昆虫修剪好。

3.将昆虫的5个部分摆放好，检查一下布片是否圆滑美观。

4.穿好针线并打结开始缝制昆虫中间的圆形部分。取一颗蓝色圆形钻，找到钻的针孔位置由下而上出针。

5.将针横穿过钻的两个孔进行固定，同样的方式将对面的两个孔也进行横穿固定。

6.直接垂直下针，将针穿回不织布下方。

7.继续从下向上出针，出针的位置在钻的另一侧钻孔处。

8.用针从钻的中间孔缝几针，再次进行固定。

9.直接再次垂直下针，将针穿回不织布下方，这样就完成了整个钻的缝制。

10.在圆钻正上方缝制并固定一颗蓝色的珠子。

11.在缝制的珠子左右再对称缝两颗珠子。

12.在紧邻刚刚缝制的珠子旁边从下而上出针，并按顺序依次穿上一颗圆珠，两片较大亮片，两片较小的金色小亮片，一颗金色小米珠，将以上4片珠片推至不织布上。

13.将针绕过最上面的金色小米珠，从两个亮片及一颗圆珠的孔中穿回至不织布下方，完成一组珠片的缝制。

14.按上面的方法对称缝制6组珠片，并再缝制两颗珠子，这样就完成了一圈的缝制。

15.用昆虫头部最上方的圆形不织布开始制作头部，将一颗黑色圆珠缝制在不织布正中间。

16.将针穿回至不织布上方，依次穿上一颗圆珠、一片圆形小亮片和一颗小米珠。

17.将针绕过米珠，穿过两颗圆珠和不织布，将一组珠片固定缝制好。

18.继续缝制对称的6组珠片。

19.在昆虫最下方的椭圆形不织布上绣制昆虫的肚子部分，用缝制钻的手法在椭圆形不织布上端缝一颗深蓝色的椭圆形钻。

20.用与步骤19相同的方法再缝好5颗大小不一，颜色不一的钻。

21.将针穿回到正面，依次穿上一颗圆珠、一片金色小亮片和一颗小米珠。

22.将米珠下面固定好，并且再对称缝制两组。

23.穿上4颗金色小米珠。

24.用与步骤22至步骤23同样的方法，固定4组小米珠，将钻与钻之间进行衔接。

25.紧邻珠片组合出针，再穿上两颗灰色米珠和一颗蓝色管珠。

26.用与步骤25同样的方法缝制4组，也可以在每两组之间再缝一组金珠，使绣品更加丰富。

27.继续缝制珠片组，一颗圆珠、一片小金亮片和一颗金色小米珠。

28.制作3组。

29.将两颗五棱管珠对称缝合并固定，位置如图所示。

30.继续缝制两组金色米珠，位置如图所示。

31.为了呼应上面两组珠片组合，在下方再缝制两组。

32.在椭圆形蓝钻两侧再缝制上两颗蓝色圆珠。

33.继续在椭圆形蓝钻周边空缺位置缝上几组亮片组合如图所示。

34.为了有些变化，沿着边缘继续缝制固定几颗蓝色圆珠。

35.使用相同的手法，将昆虫整个肚子部分填充满，完成肚子的缝制。注意缝制的时候材料和颜色一定要有所呼应。

36.最后在两边的翅膀上绣制，从翅膀的一头开始穿上一片蓝色大亮片、一片金色小亮片和一颗金色米珠，并绕过金色米珠，缝制加以固定。

37.沿翅膀上沿的直线位置，缝制约8组相同的珠片组合，在下沿缝制两组。

38.在翅膀中间开始缝制一组米珠与管珠结合的装饰线。

39.缝制的时候米珠与管珠要有一些变化，可以分段缝合，这样更加牢固。

40.将装饰线缝至翅膀边缘即可。

41.下面的部分选择与之前所用珠片相呼应的材料——米珠，来进行装饰。

42.缝制翅膀另一侧，将第二条装饰线也缝制完成。

43.在最下方空缺处再缝制一条装饰线，就完成了整只翅膀的绣制。

44.用和步骤36至步骤43同样的手法，绣制好两只翅膀。注意两只翅膀的花纹是对称的。

45.将制作好的5个部分进行组合，检查一下是否有空缺，是否对称。

46.在一块黑色有纹皮革上，按照组合好的5个部分绘制一块昆虫的整体图形。用剪刀修剪下来，注意不要将5个部分分开。

47.修剪下来以后如图所示。

48.开始将昆虫的绣好的不织布和下面的皮革进行缝合。

49.缝合过程中，还需要制作昆虫的腿。取一根超长球针，穿上米珠，用手将其弯成弧形，用圆嘴钳将针尾弯成一个圆形，进行固定，就完成昆虫的腿的制作。

50.继续缝合昆虫，一边将上面的绣片和下面的皮革进行缝合，一边将昆虫脚缝合并加以固定。

51.缝合的时候要随时查看昆虫左右是否对称，触角和腿的位置穿插是否正确。

52.每一块都要仔细缝合，注意线脚越密越好，不要有缝隙。另外从上往下缝合，先将头部和翅膀缝合好，缝合时需要预留一个空缺，用来填充弹力棉。

53.在上面空缺处用镊子填入弹力棉，使昆虫变得更加立体饱满。填充好后将空缺缝合。

54.将胸针配件缝在昆虫肚子背面的皮革上。

55.将昆虫的肚子也进行缝合。

56.依然预留一个缝隙，用镊子将弹力棉填满整个肚子，然后将剩余的缝隙也全部缝合。

57.这样，一款奢华时尚的立体昆虫胸针就制作完成了。

(3.4.3) 注意事项

📍 提示

Ⓐ 缝制过程中要时刻检查珠子是否对称。

Ⓑ 出针入针要保持垂直，不要有角度，否则珠片会东倒西歪。

Ⓒ 皮革的锁边针脚要注意保持均匀美观。

Ⓓ 使用弹力棉来填充，要适量放置弹力棉，过多会使昆虫过圆，过少则会使昆虫看起来不够饱满且不立体。

· 第4章 ·

手工帽子配饰

4.1 常用工具及使用方法

4.1.1 制作帽子布料的种类

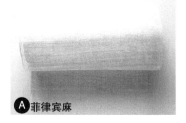

A 菲律宾麻

菲律宾麻是制作帽子的主要材质，此材质比较硬，价格比较便宜，适合初学者制作帽子。

B 双面衬

双面衬是通过加热熨烫，可以将两块布料黏合在一起的材料。注意不要将电熨斗直接熨烫此材料，否则会不容易清理。

C 蕾丝

蕾丝是材质比较柔软的布料，可以将其黏合在其他布料上，起到装饰的效果，是新娘帽饰常用的材料。

D 亮缎

亮缎是常用于帽子外层的布料，一般一面是亮光，一面是哑光，各种颜色和各种厚度的亮缎都可选择。

E 丝绒

丝绒比较适合制作秋冬款的帽子，可以选择肌理比较细腻的丝绒，有很多颜色都可供选择。

4.1.2 帽楦的介绍和保护方法

01 帽楦的介绍

帽楦是手工制帽最常用的一种工具，可以通过不同形状的帽楦来制作不同形状的帽子，帽楦是使用实木制作的，有不同的形状和大小可供选择，将帽楦存放在温度和湿度适中的环境中，可使其使用寿命更长。

02 帽楦的保护方法

帽楦是在手工制帽中少不了的工具，如果想让其使用寿命更长，可以对其采取一些保护措施。

A 可以将其外表包一层棉布，这样可以防止颜料或者其他材料对其污染。

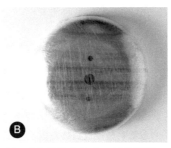

B 也可以将其外表包裹一层保鲜膜，这样也可以有效地进行保护。

4.1.3 熨斗的选择

熨斗是制作帽子不可缺少的工具之一，需要选择有蒸汽功能的熨斗，可以使用专业级的熨斗，也可以使用家用熨斗。

4.1.4 针的选择

在帽子的制作中需要使用针线来锁边和固定。建议使用较粗的针来将帽子上下两部分固定，因为黏合好的面料会有一定厚度，过细的针不好操作。

4.1.5 工字钉和锤子

A 工字钉

选用塑料头的工字钉就可以，方便固定。

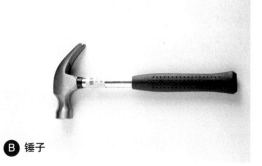

B 锤子

因为不需要太大的力度，所以选择普通型号的羊角锤子即可。

4.1.6 笔的选择

水消笔：适用于在布料上做记号，有很多可供选择的颜色，笔迹遇水就会消失。

4.1.7 剪刀

做帽子时，需要专门准备一把剪裁布料的剪刀。

4.2 新娘优雅大礼帽的制作方法

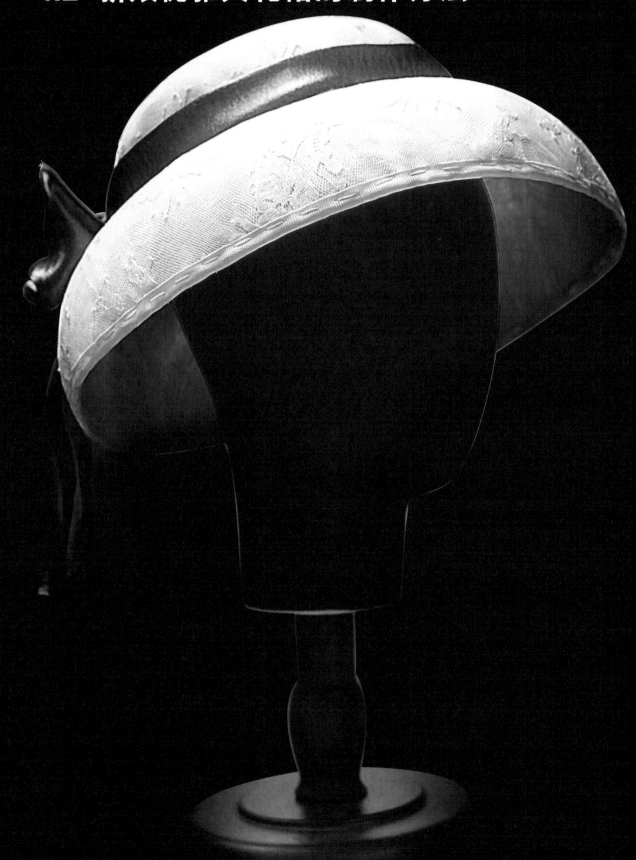

4.2.1 材料及工具

帽楦

皮尺

剪刀

布料

选择菲律宾麻、蕾丝、亮缎和双面衬。

熨斗

熨烫衬布

选择材质厚一些的衬布。

锤子

工字钉

水消笔

针和线

锁边绸带

装饰绸带

4.2.2 制作步骤

1.首先使用软尺测量一下帽檐上半部的直径尺寸。

2.用与步骤1同样的方法测量帽檐的下半部的直径尺寸，测量位置与上半部一样。

3.根据测量的两个尺寸来裁剪菲律宾麻，裁剪的尺寸一定要大于所测量帽檐的尺寸15cm以上。注意需要剪裁两种规格的麻。

4.根据测量的尺寸还需要裁剪出相应的蕾丝布料，尺寸和麻一致。

5.根据测量的尺寸继续裁剪亮缎，尺寸和麻一致。

6.还需要再剪裁一些双面衬。一共需要裁剪8块麻（4块大的和4块小的）、4块蕾丝面料（2块大的和2块小的）、2块亮缎面料（1块大的和1块小的）和12块双面衬（6块大的和6块小的）。

7.将熨斗加满水，通上电源。

8.先将熨斗开到最大，开始进行预热。

9.准备一块干净的熨烫衬布，平整地打开并铺好。

10.首先取一块大号麻，上面放置一块规格相同的双面衬，再往上放上一块同规格的蕾丝。现在将熨斗调制到最小热度，轻轻将蕾丝与麻通过中间的双面衬进行黏合。熨烫蕾丝的时候一定注意熨斗的温度，过高容易将蕾丝布料破坏。如果熨斗温度过高也可以在上面加一块干净棉布来防止烫坏蕾丝。

11.熨烫好蕾丝以后，需要将布料反转过来，将麻的一面朝上，这时再在上面放置一块同规格的双面衬，然后在双面衬上再放置一块同规格的麻。

12.此时可以加大熨斗的温度，开始熨烫，将最上面的麻与下面的两层布料进行黏合。

13.继续增添一层双面衬和一层麻，注意这是增加的第3层麻。

14.使用熨斗仔细熨烫每一处位置，将麻与下面3层布料进行黏合。

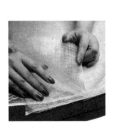

15.现在增加第4层麻，先添加一块同规格的双面衬，再添加一层麻，注意这层是最后一层麻。

16.使用熨斗继续熨烫，将最后的一层麻与下面的4层面料进行黏合。

17.继续添加一块同规格的双面衬和一块同规格的亮缎面料，注意将亮缎面料亚光的一面朝上，这里使用的是亚光的一面。

18.加热熨烫，将缎与下面的5层面料进行黏合。

19.熨烫好后，再上面再添加一块同规格的双面衬和一块同规格的蕾丝面料。

20.使用熨斗将最后一块面料和之前的6层面料进行黏合，这样就完成了所有面料的黏合组合。将剩余布料粘好，注意此时应该有两块布料组合。

21.用一块小规格面料组合制作帽子顶部。将面料铺平，将帽楦上半部的平面朝上，放在面料上。将一侧翻至帽楦顶部，并用工字钉和锤子将其固定。注意将缎和蕾丝的一面朝下。

22.继续翻起并固定对角的一侧。

23.将另外两侧的布料也向上翻起并加以固定。

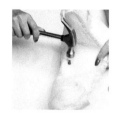

24.在将四周布料全部固定时一定要尽量将布料拉紧。一边用力拉扯布料，一边用锤子和工字钉固定好。

25.全部固定好后，反转过来看一下，此时形成一个类似正方形，检查一下此时布料是否紧贴，帽楦有没有松动。

26.将布料反转回来，继续用力拉扯对角的布料，进行固定。注意制作时随时调整用于固定的钉子，是为了让布料慢慢地完全贴合帽楦。在过程中可以使用熨斗的蒸汽功能，将较硬的面料变得暂时柔软，更方便塑形。

27.再反复固定、塑形的过程中，可以随时使用剪刀修剪不需要的边角布料，注意一定要留有余地，保证有足够的布料可以用于固定。

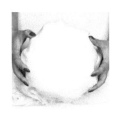

28.反复几次之后，翻过帽楦，发现帽子已经逐步成型，由正方形变成多边形。

29.继续反复调整形态，再反复使用熨斗蒸汽进行软化，慢慢使布料一点点变得和帽楦更贴合。

30.此时用来固定的工字钉会随着一次次的固定而变得越来越密，要逐步减少周边的褶皱，使帽子弧形的部分光滑贴合。

31.此时，翻过帽楦，可以看到帽顶已经初见成效了。冒顶变得圆滑并且四周的褶皱越来越少了。

32.继续固定和塑形，这个过程需要使用一定的力量，一定要尽力将布料贴合帽楦，才可以使冒顶变得更加有型。

33.经过一次一次地软化和固定，帽子顶部就塑形成功了，翻过来可以看一下，布料紧紧贴合帽楦，并且四周没有褶皱，就可以了。

34.制作完帽顶以后，将其放置一旁，继续开始制作帽子下面的帽檐部分。使用相同的手法，将帽楦放置在布料上，翻起一侧的布料，开始固定。注意，下半部的帽楦也是平的一面向上。

35.也是从对角开始固定，这样可以使帽楦比较紧实。

36.将对角固定好后，再将另外两侧布料固定。

37.用力拉扯四角尽力使布料贴合帽楦。第一步的固定至关重要，所以一定在第一层固定时就将布料尽力贴合好。

38.在制作下方帽檐的时候，可以多加使用熨斗蒸汽功能来软化布料。注意在使用蒸汽功能时一定注意手的位置，以免被烫伤。

39.将第一层布料固定好后，需要将布料反转检查一下，是否形成一个正方形，面料是否贴合完好。

40.然后继续完善塑形。由4个角变成8个角，延续这样的手法，慢慢将角变得越来越多，同时变得越来越圆。

41.在塑形过程中，一定会有一些角因为布料的形状影响塑形，可以小心修剪。注意一定要保证有余量可以进行固定。

42.经过几次的塑形之后，布料已经由正方形变成多边形。注意在塑形过程中一方面要用力拉扯布料。另一方面要小心。不要将蕾丝面料拉扯破坏。

43.每塑形一周后都需要修剪多余的布料，布料的修剪要少量多次。

44.继续使用熨斗蒸汽功能，一圈一圈进行软化，再固定。

45.又经过几圈的塑形后，帽檐又有了新的变化。

46.反过来看一下，由多边形变成了圆形，只是四周的褶皱有些多，此时需要继续软化塑形，去掉褶皱。

47.一边用蒸汽使面料变软，一边用手轻轻将褶皱向上面推，将所有的褶皱都推向帽楦的平面位置。

48.在去掉褶皱的过程中，需要使用更多的工字钉，一圈一圈耐心的塑形。塑形的圈数和时间要看的力度和熟练程度。

49.经过一次次的塑形，帽檐塑形完成，此时帽檐紧紧贴合于帽楦，并且非常圆滑。制作好后放置一旁等待一段时间让它冷却。

50.将之前做好的帽子顶部平面向上放好，并用锤子的另一侧取钉，将固定用的工字钉全部拔掉。

51.将帽楦与布料分离，取帽楦的时候只需要轻轻将帽楦拿出即可，不要大力拉扯布料，以免定好型的帽顶变形。

52.用剪刀将塑好型的布料剪开一个豁口，注意不要剪到褶皱以外的部分。

53.开始修剪帽顶，一点一点慢慢修剪，先将褶皱的部分横向剪掉。

54.需要边剪边检查帽子下方是否平，不要有坡度，否则帽顶就会变得不平整。

55.继续修剪边缘，一定要耐心，越修剪越需要小块多次，以免修剪过多，使帽顶凹陷变得过于平整，影响美观。

56.开始制作帽檐部分，去掉所有的钉子。

57.轻轻取出帽楦，不要破坏已定好型的面料。

58.先剪开一个豁口，不要剪到褶皱以外的部分。

59.横向修剪帽檐部分，将褶皱部分全部剪去。

60.慢慢修剪边缘，使之更加平整。

61.将之前做好的帽顶放置在修剪好的帽檐上方，用水消笔画出帽顶的大小，用剪刀在帽檐上面中间位置戳一个洞。

62.在绘制好的圆内挖一个比所画圆的半径短2cm的同心圆。

63.在刚刚留下的2cm的边缘上，用剪刀逐一修剪出豁口，注意不要剪到水消笔笔迹之外。

64.修剪好后，用手推开豁口，使豁口全部立起来，以便和上面的帽顶组合，此时可以用水轻轻去掉水消笔的痕迹。

65.将之前修剪好的帽顶扣在帽檐之上，卡在刚刚推起的豁口外。

  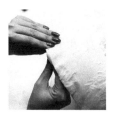  

66.用针线将帽顶与豁口处缝合并固定。使用白色的线即可，针脚尽量整齐。

67.取一条锁边绸带，长度和帽檐周长相等即可。

68.将针从内开始穿出，将锁边的绸带在边缘由内而外弯折进行锁边。

69.将帽檐的边缘完成锁边。注意线的颜色要和锁边绸带一致，这里我使用的是白色。针脚一定要尽量整齐美观。

70.这样，一款优雅蕾丝礼帽就制作完成了，可以在礼帽上装饰一些绸带或者花卉，这次装饰的是窄条丝带。装饰可以千变万化，可以缝制烫花，也可以缝制珠绣，还可以缝制头纱。

(4.2.3) 注意事项

📍 提示

Ⓐ 裁剪布料的时候要多预留一部分余量，这样可以保证很好地包裹帽檀。

Ⓑ 在使用熨斗工具的蒸汽功能时请注意远离皮肤，以免高温烫伤。

Ⓒ 使用锤子时，需要小心手指拿工字钉的位置，以免受伤。

Ⓓ 可以购买有其他颜色的菲律宾麻。

4.3 可爱迷你小礼帽的制作方法

4.3.1 材料及工具

帽楦

皮尺

剪刀

布料

选择菲律宾麻、红色缎布。

双面衬

熨斗

熨烫衬布

锤子

工字钉

仿珍珠

珠片类

选择红米珠、金米珠、马眼红钻、
金片、红管珠和金管珠。

针和线

4.3.2 制作步骤

1.先用软尺测量一下帽楦的直径。

2.用剪刀根据测量的帽楦尺寸剪裁菲律宾麻，注意裁剪的形状直径要比帽楦的直径长至少15cm。

3.一共需要裁剪好4块规格一样的菲律宾麻。

4.按照之前菲律宾麻的尺寸，再裁剪两块红色的缎布。

5.另外还需要裁剪5块同样规格的双面衬。

6.将熨斗注满水，然后将温度调大，进行预热。

7.在熨烫之前需要找一块干净的熨烫衬布。

8.熨斗预热好以后，开始熨烫菲律宾麻。

9.将所有的菲律宾麻熨烫平整。

10.将两块菲律宾麻之间放一块双面衬，注意双面衬的尺寸一定不要超过麻的大小，否则双面衬会粘在熨斗上，不易清洁。

11.用熨斗熨烫，将布料黏合。

12.继续添加双面衬和麻，如果双面衬的大小超过了麻，就先将双面衬修剪到小于麻的尺寸。

13.继续用熨斗加热并黏合麻，此时黏合好3块菲律宾麻了。

14.继续添加双面衬和一块麻，使用熨斗熨烫并黏合。

15.4块麻熨烫好后，开始黏合红色缎布，麻与缎布之间依然使用双面衬来黏合。注意可以根据喜好来选择亮面朝上，还是亚光面朝上，这里选择亮面朝上。

16.用熨斗熨烫并黏合布料。

17.再放一块双面衬,并将多余的部分剪掉。

18.将最后一块红色缎布放置在最上侧准备黏合。注意此面是用作帽子的里面,选择的是缎面哑光一面。

19.使用熨斗熨烫并黏合好布料,这样所有的布料就黏合好了。

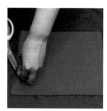

20.修剪一下黏合好的面料。

21.将布料组合放置在最下面,将帽楦反着放在布料之上。注意布料靠近桌面的一侧是帽子的外侧,贴合帽楦的一面是帽子的内侧。

22.用工字钉和锤子将布料固定在帽楦上,将帽子塑形,先从两侧开始,向上翻卷并固定。

23.在塑形过程中需要随时用剪刀修剪掉多余的布料,注意修剪的时候要多次少剪,以免剪掉过多布料,使布料不能固定在帽楦上。

24.将4面全部固定好,注意在固定时要尽力拉紧布料,使布料尽量贴合帽楦。

25.此时翻过帽楦和布料,4角全部被固定好,形成一个正方形。

26.将帽楦翻回来,继续将布料塑形,增加正方形的边角使它变成多边形。注意在塑形过程中如果布料过硬,不好弯曲,可以使用熨斗的蒸汽功能来软化布料。

27.经过不断地塑形,布料逐渐贴合帽楦,变得越来越圆,越来越贴合。注意在塑形过程中一方面需要增加工字钉的数量,另一方面需要反复拔掉工字钉,再固定。过程中需要有足够的耐心。

28.继续塑形,逐步剪掉多余的布料,逐步将布料软化。

29.每塑形几圈以后,可以将帽楦反转过来检查是否足够圆。注意目的是将布料完全贴合帽楦,并保证帽楦正面没有多余的褶皱。

30.最后使用熨斗软化帽楦周边的褶皱,并用拇指将褶皱按压到帽楦下方。

31.经过不断地反复塑形，最终将布料完美地贴合于帽楦。静置半个小时后，开始使用锤子的另一边将工字钉全部取掉。

32.轻轻将帽楦从布料中取出，注意不要大力拉扯布料，要保证布料形状完好。

33.使用剪刀剪一个豁口，注意不要剪出褶皱线以外的部分。

34.横向将帽楦下方的褶皱部分全部剪掉。

35.用剪刀再修剪帽子边缘，注意按照多次少剪的原则，慢慢修剪，使帽子下方保持平整。

36.这样帽子的基础形状就修剪好了。

37.用剪刀剪一段宽约4~5cm的红色缎布布条，与帽子最下沿的周长长度一样，用来锁边。

38.用红色缎布布条包住帽子边缘，再使用相同颜色的线进行锁边，注意锁边时针脚要整齐。

39.锁边时需要保障红色缎布布条的平滑，不要有褶皱，可将里边、外边分别锁，也可以一起来锁。

40.可以在锁边的位置再穿一些管珠和米珠来进行装饰。

41.缝制了两圈装饰，一圈是米珠加管珠，一圈是米珠。可以根据喜好进行任意搭配，颜色尽量选择同色系，明度可以有所变化。

42.装饰好后将线打结并固定。

43.用剪刀修剪掉多余的线头，这样帽子基本就制作完成了。

44.可以在帽子上做些装饰，装饰的方法可以多种多样。我绣了一块同色系的绣片，并且使用仿珍珠和红色的米珠制作了一个立体装饰，关于珠绣的方法可以参照第2章，在这里就不展开讲解了。

45.这样一款可爱迷你的小礼帽就完成了。

4.3.3 注意事项

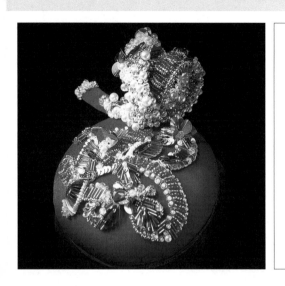

提示

A 裁剪布料的时候要多预留一部分余量，这样可以保证很好地包裹帽楦。

B 在使用熨斗的蒸汽功能时请注意远离皮肤，以免烫伤。

C 制作小型帽子的时候，由于帽楦尺寸较小，所以塑形时要有足够的耐心，多次加热使帽子更加平整。

4.4　秋冬奢华丝绒礼帽的制作方法

4.4.1 材料及工具

帽楦

软尺

布料

选用菲律宾麻、橘红色丝绒布、浅棕色丝绒布和双面衬。

熨斗

熨烫衬布

锤子

工字钉

剪刀

水消笔

针和线

装饰丝带

装饰花

4.4.2 制作步骤

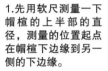

1.先用软尺测量一下帽楦的上半部的直径，测量的位置起点在帽楦下边缘到另一侧的下边缘。

2.用与步骤1同样的方法再测量一下帽楦的下半部直径，测量位置一样从帽楦的下边缘到另一侧的下边缘。

3.用剪刀将菲律宾麻裁剪一下，裁剪的尺寸要大于帽楦至少15~20cm，一共8片，其中包含4片上半部帽楦尺寸的布料和4片下半部帽楦尺寸的布料。

4.裁剪橘红色的丝绒布料，一共裁剪两块，其中包含一片上半部帽楦的尺寸大小的布料和一片下半部帽楦的尺寸。

5.和橘红色丝绒布料一样，还需要裁剪浅棕色丝绒布料两块，尺寸和橘红色布料一样。

6.裁剪双面衬，尺寸也要和上下帽楦一致，一共需要裁剪10块，其中包含5块上半部帽楦尺寸的双面衬，和5块下半部帽楦尺寸的双面衬。

7.将所有的面料裁剪好，清点一下数量是否正确，就可以准备开始熨烫了。

8.将熨斗注满水，将电源插好，通电。

9.将熨斗调到最大温度来预热。

10.将一块干净的熨烫衬布在桌面上铺平。

11.先熨烫浅棕色的丝绒布料，将它作为帽子里衬的布料。调节好熨斗的温度，将布料熨烫平整。

12.将一块同规格的双面衬铺在丝绒布料上，再将一块菲律宾麻铺在双面衬上。

13.使用熨斗和双面衬将麻与丝绒面料熨烫黏合。

14.继续再添加一块双面衬和一块菲律宾麻。

15.使用熨斗将菲律宾麻与下面两块布料进行熨烫并黏合在一起。

16.继续添加双面衬和一块菲律宾麻。

17.使用熨斗将菲律宾麻与下方的3块布料进行黏合。

18.继续添加双面衬和最后一块菲律宾麻。

19.使用熨斗熨烫并将之黏合，检查一下，目前已经黏合好5块布料了。

20.继续添加一块双面衬和一块橘红色丝绒面料。

21.熨烫并黏合布料。橘红色丝绒面料是帽子上面的面料，熨烫一定要小心，不要染到污渍，或者因为过热被烫坏，因此可以将一块纯棉面料放在熨斗和丝绒面料之间，以防烫坏布料。

22.将所有的布料组合都熨烫并黏合好。

23.使用相同的顺序和手法将帽子上半部的布料也熨烫好，这样就形成了两块不同规格的布料组合。

24.从帽子的顶端开始进行制作，先将组合好的布料平铺在桌面上，将浅棕色的一面朝上，再将上半部的帽楦倒放在布料上。将布料的一角弯到帽楦上侧，使用锤子和工字钉将布料固定在帽楦上。

25.再将对角的布料向上弯曲，并固定在帽楦上。

26.翻过布料，可以看到帽楦已经被紧紧卡在布料之间。

27.用熨斗蒸汽功能来软化布料并继续进行塑形。

28.继续软化和塑形过程中可以使用剪刀将多余的布料修剪掉。

29.经过不断软化和塑形，帽子已经开始由正方形变成多边形。

30.继续修剪多余并妨碍塑形的布料，在修剪时一定要按照多次少剪的原则，避免修剪过多而无法进行固定。

31.继续不断地使用熨斗蒸汽功能软化布料并进行塑形，在塑形过程中一定要耐心。

32.随着不断地塑形就会发现布料与帽楦越来越贴合，布料逐渐变成圆形。

33.最后需要将帽子上面的褶皱全部烫平，一边用蒸汽软化，一边用拇指将褶皱推向帽子外沿，保证帽子正面没有褶皱。

34.再经过几圈的不断塑形，帽子形成一个非常圆润并且无褶的圆形，这样帽子的上半部就制作完成了，将它放置一旁待用。

35.开始制作帽子的下半部，将布铺平，浅棕色一面朝上，将帽楦反扣在布料上。用力拉紧并弯曲一侧布料，进行固定。

36.再将另一侧布料拉起并进行固定。

37.用锤子和工字钉将布料固定在帽楦上，注意在制作帽楦下半部这种尺寸比较大的塑形过程中，可以使用更多的工字钉来进行塑形。

38.在另一侧将布料的一角用力拉起，一定要使布料尽量贴合帽楦，以便塑形效果更好。

39.继续使用工字钉固定。

40.再将对角的布料也拉起，紧紧固定在帽楦上。

41.这样翻过帽楦和布料，就会发现布料已经形成一个正方形，并且把帽楦紧紧地包裹。

42.一步一步地塑形，在塑形过程中也会使用熨斗的蒸汽功能软化布料。

43.经过一次一次的塑形，帽子的下半部慢慢变成圆形。

44.需要再次剪掉多余的布料，继续进行塑形，直到帽楦下半部的布料与帽楦变得非常贴合。

45.使用之前的手法，将多余的褶皱软化，并用力拉拽帽子正面。

46.这样帽子的下半部就制作完成了，放在一边，等待定型。

47.用锤子的另一端翘掉帽子的上半部上的所有的工字钉。

48.轻轻将里面的帽楦取出。

49.帽子已经定型，只要不用力拉扯，布料就不会变形。

50.开始修剪多余的部分，在帽楦边缘一处用剪刀剪一个豁口。

51.然后沿边缘横向将上面多余的褶皱剪掉，并且修剪一下边缘，使边缘平整。

52.这样帽子的上半部就制作完成了。

53.开始制作下半部，取掉在下半部帽楦上的工字钉。

54.用与步骤50相同的方法，剪一个豁口。

55.然后横向修剪掉多余褶皱的部分。

56.轻轻将帽楦取出。

57.将上半部的帽楦放在制作好的下半部的帽楦上方正中间，沿着上半部帽楦的底部，在下半部帽楦上用水消笔绘制一个圆形。

58.绘制好以后开始进行剪裁，注意一定要保证圆形在帽楦的正中位置。

59.用剪刀在绘制的圆形中间掏一个比所绘圆形直径少20mm的同心圆。

60.用剪刀在圆内剪豁口。

61.用手将修剪的豁口用力掰起，使其形成90度角。

62.将之前做好的上半部帽子扣在下半部修剪的圆洞之上。

63.并用同色的线将其缝合加以固定。

64.再剪一条宽约8cm的橘红色丝绒面料，用来锁边，长度可以围绕帽子外延一周即可。

65.用相同颜色的线，将帽子的边缘缝合，可先将外侧缝合好。

66.再将内侧也缝合锁边固定好，注意针脚尽量平整、均匀。

67.这样，帽子就制作完成了。可以在帽子上制作一些装饰，可以在帽子上搭一条丝带。

68.也可以搭配一些烫花，效果也很好。烫花的制作方法请翻阅第1章中的烫花案例。

④.4.3 注意事项

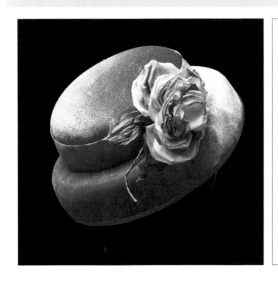

📍 提示

Ⓐ 裁剪布料的时候要多预留一部分布料，这样可以保证很好地包裹帽檀。

Ⓑ 在使用熨斗的蒸汽功能时请注意远离皮肤，以免烫伤。

Ⓒ 丝绒布料有一定弹力，所以在制作时要多次加热，保证其牢固地贴合在菲律宾麻料上。

Ⓓ 使用针线固定时，建议选择和丝绒面料同色的线来锁边和固定。

· 第5章 ·

中式发饰

5.1 常用工具及使用方法

5.1.1 金属花片的种类

金属花片种类繁多，可以根据作品需求来选择样式。建议购买不易生锈，不易褪色并可弯曲不易断的花片，这样可以有助于延长作品的使用寿命。

5.1.2 铜丝的选择

根据不同的粗细，可以将铜丝分为不同的型号，常见两种颜色：金色和银色。

5.1.3 焊锡工具

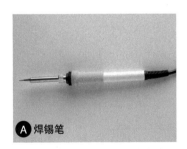

Ⓐ 焊锡笔

是中式发饰制作中经常会使用到的工具，可以利用焊锡工具将花片或钻饰等金属材质连接固定。插入插头，进行预热，等到笔头已经预热好，就可以开始工作。

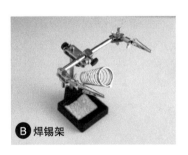

Ⓑ 焊锡架

推荐选择有夹子的支架，方便用焊锡架将需要焊锡的对象固定，方便焊锡制作，焊锡架上的夹子也可以单独拧转卸下使用。另外焊锡架下方还有一块海绵，是用来清洗焊锡笔。具体使用方法可见章节3.1.5。

Ⓒ 焊锡丝

可以买无铅环保焊锡丝，相对比较好。

5.1.4 珠子的选择

可以根据颜色和材质来选择珠子，真石珠子的色泽相对比较好看。中式发饰建议选择材质比较透并且珠子里面有一些肌理的，这样会比较有质感。

5.1.5 颜料的使用

在制作中式发饰中需要使用丙烯颜料或者金属漆来为金属片上色。

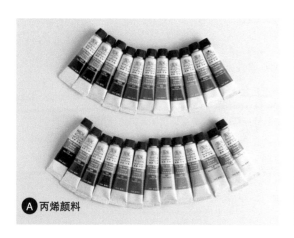

Ⓐ 丙烯颜料

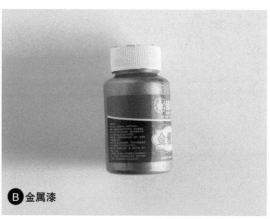

Ⓑ 金属漆

5.1.6 钳子的种类

Ⓐ 切线钳

可以用来剪断铜丝等金属材质的线。

Ⓑ 打孔钳

可以在金属材质上打孔。

Ⓒ 尖嘴钳

可以将金属材质塑形。

Ⓓ 圆嘴钳

可以将铜丝或金属丝弯成圆圈。

5.1.7 "9"字针、球形针及"T"字针

中式发饰中常用于起到连接和装饰作用的重要的配件，一般常用的有"9"字针、球形针和"T"字针。

A   "9"字针：可以起到双头连接的作用。

B   球形针：可以起到单头连接和装饰的作用。

C   "T"字针：可以起到单头连接的作用。

5.2.1 材料及工具

金属花片

珠类

采用黄色小珠、黄色玉石珠和红玉石珠。

球形针

"9"字针

打孔钳

圆嘴钳

切线钳

尖嘴钳

金属链

有金属装饰款金属链

圆形衔接环

耳饰挂钩

5.2.2 制作步骤

1.使用打孔钳在每一片金属花片上都打一个孔。

2.金属花片一共有8个花瓣，需要所有的孔都在距花蕊距离一样的位置。

3.再取两个金属花片进行组合。

4.将花片全部朝下，将之前打孔的花片放置在最下方。

5.再取一片尺寸稍小三瓣的花片，方向与其他3个花片相反，放置在最上方。

6.取一颗红玉石珠放置在三瓣花上，再用"9"字针将所有的花片穿起来。

7.将花片翻过来，在花片最下方放置一颗黄色的小珠，也同样穿到"9"字针上。

8.使用圆嘴钳将"9"字针针尾弯成一个圆形。

9.用切线钳剪一段约2cm的金属链。

10.用圆嘴钳将圆形衔接环打开。

11.穿入之前截下2cm金属链。

12.接着穿上之前做好的金属花片组合，最后闭合衔接环。

13.再取一根"9"字针，穿上5颗小号的黄色玉石珠。

14.用圆嘴钳将"9"字针的尾部弯曲成一个圆形。

15.将"9"字针与之前制作的2cm金属链进行连接。

16.再取一根"9"字针，穿上3颗中号黄色玉石珠。

17.用圆嘴钳将"9"字针针尾弯成一个圆形。

18.轻轻打开穿好的"9"字针的一侧。

19.再截一段2cm的金属链，将两根"9"字针连接。

20.拉起耳坠检查所有的衔接是否结实。

21.取一根球形针，穿上一颗小玉石珠，剪去球形针多余的部分，用圆嘴钳弯成一个圆形并将其闭合。

22.再截一段长约4cm的金属链，将做好的球形针与上面的"9"字针连接。

23.截一段长度约10cm的金属链，注意选择上面带有金属装饰的金属链。

24.截取8条一样长度的金属链。

25.将一个衔接环与截取的10cm金属链相连。

26.用同一个衔接环连接之前打好孔的花瓣。

27.将每一瓣花瓣都连接好金属链。

28.按步骤21的方法制作好8根穿了小号玉石球的球形针。

29.将球形针与花瓣上的金属链相连接。

30.将8根球形针全部连接好。

31.取一根"9"字针，穿上一颗金色球。

32.使用切线钳将"9"字针多余的部分剪掉。

33.使用圆嘴钳将"9"字针尾部弯成一个圆形。

34.将金色球与红色玉石球固定在一起。

35.最后取一个耳环挂钩与金色球相衔接。

36.一款中式耳饰就制作完成了，可以使用相同的手法来制作一对。

5.2.3 注意事项

📍 提示

Ⓐ 使用打孔钳时要注意先比好位置，快速按压，以免移位。

Ⓑ 修剪金属链的时候要注意，一定要一样的长度，否则耳饰会不够精致。

Ⓒ 圆形衔接环有大小规格之分，根据需要选择大小适合的衔接环。所选的衔接环不要过大也不要过小，过大会显得笨拙，过小会太紧，不好衔接。

5.3 中式新娘凤冠头饰的制作方法

5.3.1 材料及工具

金属花片

焊锡架

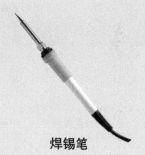

焊锡笔

焊锡丝

铜丝

准备直径为0.4mm的铜丝。

切线钳

尖嘴钳

打孔钳

景泰蓝花片

大号玛瑙珠和玉石珠

球形针

金属漆和毛笔

⑤.3.2 制作步骤

1.选取两片金属花片来进行组合。

2.使用焊锡架将两个花片固定好，然后用焊锡笔将两片花片固定好。

3.用切线钳剪一段长度约20cm的铜丝。

4.将一片尺寸适宜的景泰蓝花片放在金属花片上。

5.将之前截取的铜丝穿插在金属花片和景泰蓝花片上。

6.将铜丝的两侧用尖嘴钳拧紧，这样景泰蓝花片就固定在金属花片上了。

7.用切线钳将多余的铜丝剪掉。

8.用焊锡工具将铜丝固定点焊在金属花片上，这样非常牢固了。注意焊锡的点一定要在背面。底座就制作好了。

9.使用球形针穿上一颗大号玛瑙珠和一片金属花片。

10.将刚刚穿好的花片插入底座的空隙上。

11.将花片底座翻过来，用尖嘴钳将球形针尾部弯曲成环状，这样花片就可以固定在底座上了。

12.为了让花片更牢固，使用焊锡工具将花片背面的接口固定好。

13.按照步骤9至步骤11相同的方法再制作一组花片。

14.使用焊锡工具将其固定好，注意固定点一定要保证在花片的背面。

15.再取一片金属花片，在中间位置用打孔钳打一个孔。

16.取一颗玛瑙珠和两片金属花片，使用球形针将它们穿好。

17.翻过背面，用尖嘴钳将球形针弯曲固定。

18.使用焊锡工具将其和之前制作好的部分固定。

19.焊锡好后检查一下是否牢固，注意将其焊接在景泰蓝的一侧，位置如图。

20.再制作一个相同的花片，将其固定在另一侧。

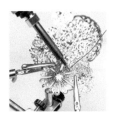

21.取一片相对立体一些的金属花片，焊锡工具将花片固定在底座上。

22.将金属花片装饰在之前固定的对称花片之上。

23.使用球形针穿一片小号的花片和玉石珠，然后将其插入固定好的立体花片中。

24.翻转花片，用焊锡工具将球形针固定。

25.重复步骤23，再制作一款对称的花片，并将其对称固定。

26.再取一对景泰蓝凤凰花片，将其对称放置在做好的花片中上端的位置。

27.使用焊锡工具将其固定好。

28.这样凤冠的主体部分就制作好了，检查一下每个花片是否都固定牢固。

29.再取一片花片，用手轻轻弯成弧形。

30.用焊锡工具将其固定在凤冠主体两侧。

31.再取一片小号的花片和玉石珠，使用球形针将它们穿好，并插在最边上的花片上。

32.使用焊锡工具将球形针尾端与花片固定。

33.重复步骤29至步骤32，将另一侧也制作好。

34.取一片长形花片，用手轻轻弯曲。

35.用焊锡工具在凤冠两侧将其固定。

36.重复步骤34至步骤35，将另一端也制作好。

37.再取一片花片，用焊锡工具将其固定在凤冠尾部。

38.重复步骤37，将另一侧也制作好。

39.使用球形针穿上一颗玉石珠和一片小号花片，用焊锡工具将球形针固定于最后固定的花片上。

40.将另一侧也制作完成。

41.将金属漆涂在凤冠背面的焊锡点。

42.这样一款奢华的凤冠就制作完成了。

5.3.3 注意事项

📍 提示

Ⓐ 在焊锡过程中需要小心操作，不要将焊锡溶液滴在皮肤上，以免烫伤。

Ⓑ 尽量不要使用剪刀修剪铜丝，这样会损伤剪刀的刀锋，建议使用切线钳。

Ⓒ 使用打孔钳时要注意比好位置，快速按压，以免移位。

Ⓓ 选择和花片一样颜色的金属漆，会更加完美。

5.4 中式古典发簪的制作方法

5.4.1 材料及工具

铜丝

准备直径为0.4mm的铜丝。

金属花片

尖嘴钳、切线钳和打孔钳

景泰蓝花片

珠类

准备玛瑙珠、珠子、紫色小珠和金球。

花垫和发簪配件

球形针

蝴蝶金属片

丙烯颜料

焊锡架、焊锡笔和焊锡丝

金属漆和毛笔

金属穗

5.4.2　制作步骤

1.首先用切线钳剪一段长度约15cm的铜丝。

2.选取两片金属花片进行组合，需要把刚剪好的铜丝弯成"U"字形，插入两片金属花片衔接部分，以便将两片花片衔接在一起。

3.反转花片，用尖嘴钳把"U"型铜丝的两个尾端拧紧，达到可以使花片牢固衔接为止。

4.拧好的铜丝留出约5cm，用切线钳把多余部分剪掉。

5.用尖嘴钳把留下的5cm铜丝尾端再次扭转，尽量隐藏、收紧并贴近花片。

6.重复步骤1至步骤3，使用铜丝固定第2片花片。

7.使用尖嘴钳扭转花片后面的两根铜丝尾端。

8.使用切线钳切断多余的铜丝。

9.收紧并隐藏铜丝的尾端接口，这样两块花片就衔接好了。这时可以检查一下花片是否牢固，如果还有松动，可以继续拧紧铜丝，使之牢固。

10.用铜丝将一块景泰蓝花片固定在其他花片上。

11.这样景泰蓝的花片就固定好了，此时再次检查每片花片是否牢固，如果使用的花片过重或者过大，可以采用多个位置、多根铜丝来固定。

12.取一块凤凰图形的景泰蓝花片，继续固定。

13.用尖嘴钳拧转铜丝，注意所有的铜丝的拧转和固定都要在一个面，保证发簪正面看不到铜丝。

14.此时，发簪的基本形状就做好了。

15.将一片花片放在发簪的中段并进行固定。

16.将花片固定好，作用是使发簪装饰得更加丰富，但不要破坏发簪的轮廓。

17.取两片简单造型金属花片，用铜丝固定在发簪的左右两侧。

18.这样发簪两侧造型更加饱满，线条流畅。

19.用打孔钳在发簪最窄的花片上打一个孔，使用打孔钳时，一定要对准，一次打孔成形。

20.使用球形针穿上一颗玛瑙珠和一个花垫。

21.再选一片与玛瑙珠搭配的花形金属花片来进行组合。

22.把刚刚组合好的球形针穿入打好的孔内。

23.用切线钳将球形针多余的针尾剪掉，只留下约1cm的长度即可，然后暂时把剩余的1cm折叠90度，卡住。

24.取一片蝴蝶形状的镂空花片，将蝴蝶的翅膀部分轻轻折叠，使蝴蝶看起来更加立体。

25.再取一段长度约10cm的铜丝，穿上一颗大珠和3颗小珠，用作蝴蝶的身子部分。

26.将铜丝进行弯曲成"U"字形，用弯曲的铜丝两侧卡住4颗珠子。

27.在蝴蝶尾端三分之一处，用打孔钳打一个孔。

28.将刚刚穿好珠子的铜丝穿到打好的孔内，另一头从蝴蝶身子中间的上端穿上，反转蝴蝶，在蝴蝶的背面用尖嘴钳拧紧铜丝。

29.然后在发簪正面寻找一个最佳的位置来摆放蝴蝶。

30.将蝴蝶背面拧转好的铜丝插入发簪花片的孔内并进行固定。

31.调整蝴蝶方向，将蝴蝶的头部朝向发簪的尾端。

32.翻过发簪，用尖嘴钳将固定的铜丝拧转并固定，将尾端尽量隐藏贴近花片。

33.取一片月牙形的花片，用尖嘴钳将其两端轻轻掰弯，弯成135度角。

34.使用之前用铜丝固定的方法将月牙形花片固定在发簪尾端的景泰蓝花片下，使发簪产生层次。

35.取两片蝴蝶金属片，用打孔钳在蝴蝶身子中段位置打一个孔。

36.用丙烯颜料将蝴蝶的身子涂上颜色，可以多层多次上色，这样绘制的颜色相对比较均匀。

37.取一根球形针穿进蝴蝶身子之前打好的孔内。

38.用切线钳将球形针多余的部分切掉，只预留约1cm的长度即可。

39.用尖嘴钳将剩余的1cm尾端折叠固定，将另一片蝴蝶金属片也固定。

40.再取一根球形针，并穿上一颗紫色的小珠。

41.在发簪的空缺处穿上紫色小珠，加以装饰和丰富。

42.在背面固定。

43.重复步骤40至步骤42，在发簪上固定装饰多颗大小不一、颜色不一的珠子。

44.取一段长度约15cm的铜丝，在中间穿上一颗金球。

45.多次拧转铜丝以固定金球，再用大小不一的金球制作约9~10组金球组合。

46.将这些金球固定在发簪上。在固定时可以在发簪正面多预留一部分的拧转的铜丝，这样使金球在发簪上可以上下起伏，使发簪更加有层次感，更加灵动。

47.使用焊锡固定架，将之前固定好的花片逐一固定，使其更加紧凑。

48.固定好后，使用焊锡笔和焊锡丝将这些花片和装饰全部固定。

49.取一个发簪配件，将其固定在制作好的发簪主体上，发簪制作完成。

50.使用金漆将之前焊接的银色熔点涂抹、修饰。

51.用圆形衔接扣将金属穗和发簪连接，穿上大概12个装饰穗。

52.将这些金属穗固定在发簪尾端下层的月牙金属片上，使其均匀排列。

53.检查并调整所有装饰的位置和朝向。

54.一支奢华的中式发簪就完成了。

⑤.4.3 注意事项

📍 **提示**

Ⓐ 在使用焊锡工具时需要小心操作，不要将焊锡溶液滴在皮肤上，以免烫伤。

Ⓑ 尽量不要使用剪刀修剪铜丝，否则会损伤剪刀的刀锋。

Ⓒ 焊锡点要尽量小且光滑，以免佩戴发簪时刮头发。

Ⓓ 使用丙烯颜料时，可以多层多次涂抹，这样颜色更加饱满、均匀。

· 第6章 ·
中式真羽点翠

6.1 常用工具及使用方法

6.1.1 羽毛的选择

　　因为羽毛的染色相对比较复杂，可以直接购买染好颜色的羽毛。羽毛有多种颜色和型号，一般型号分大瓢和小刀，颜色可以选择深蓝色、浅蓝色、红色等。

6.1.2 金属铜片的选择

　　初学者制作真羽点翠时可以直接购买花形金属铜片，要选择有凹槽的，另外要选择花面比较平整的。

6.1.3　宣纸的选择

宣纸选择韧性比较好，不易破的生宣即可。

6.1.4　胶水的使用

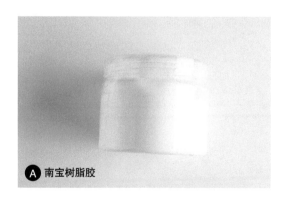

A 南宝树脂胶

适用于羽毛的上浆以及羽毛的粘贴。

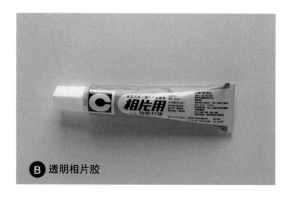

B 透明相片胶

适用于与金属片的粘贴。

6.1.5 拷贝纸

选择颜色不限，根据制作点翠的图形大小来选择尺寸。

6.1.6 剪刀

点翠的制作可用弯头剪刀，修剪起来会更顺滑。

6.1.7 铜丝的选择

根据不同的粗细，铜丝可以分为不同的型号。而常见两个颜色是金色和银色。

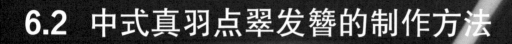

6.2 中式真羽点翠发簪的制作方法

6.2.1 材料及工具

南宝树脂胶和相片胶水

毛笔、调色盘和调色托盘

染色羽毛

金属花片

景泰蓝花片

蝴蝶花片

宣纸、拷贝纸、铅笔和橡皮

焊锡架、焊锡笔和焊锡丝

尖嘴钳、切线钳、剪刀和镊子

珠类

准备蓝色珠、金色小珠、
大号金球和红色小珠。

发簪配件和球形针

金属漆和毛笔

6.2.2　制作步骤

1.以1：10的比例调制南宝树脂胶和水，用毛笔将其搅拌均匀、待用。

2.用剪刀将染色羽毛下部绒毛部分剪掉即可。

3.将调配好的胶水刷在羽毛上，使羽毛可以平铺在调色板上。

4.重复步骤2至步骤3，将两种颜色的羽毛都刷上胶水。

5.将宣纸放在金属花片上，使用铅笔将花片凹槽的部分描拓。

6.将描拓好的宣纸放在一张拷贝纸上，再描绘一次，这样宣纸的背面也有了花片的图形。

7.将宣纸背面的花片图形轻轻用铅笔用数字来标记。

8.用剪刀将描拓好的花片逐一裁剪下来，注意剪的时候可以预留一个边缘。

9.剪好后将其检查并整理好。

10.用深蓝色羽毛来制作蝴蝶触角。将剪好的宣纸正面涂抹南宝树脂胶，将宣纸粘在羽毛的背面，其他的部分也粘在浅蓝色羽毛背面。

11.等待羽毛上的胶水变干后，使用剪刀修剪羽毛。注意要沿着铅笔的痕迹进行修剪，将之前预留的边缘也修剪掉。

12.将修剪好的羽毛用透明相片胶水，按照标注的顺序在蝴蝶花片上逐一进行粘贴。

13.涂抹胶水的时候要涂抹得均匀且适量，粘贴羽毛要一次性完成。

14.将羽毛片全部贴好后，静置一会儿，晾干。

15.取一根球形针，穿上一颗红色小珠。

16.将刚刚的红色小珠穿上蝴蝶景泰蓝花片的顶端的固定环里。

17.将蝴蝶景泰蓝花片放在蝴蝶花片上。

18.将上侧球形针针尾弯到蝴蝶点翠花片之后，使用焊锡笔将两片花片固定。

19.用球形针穿上红色小珠，再插到一只大号蝴蝶花片的翅膀两侧的孔中。

20.在蝴蝶翅膀两侧的每个孔都用红色小珠装饰，将临近的两根球形针针尾拧紧、固定。

21.将多余的球形针针尾用切线钳剪掉。

22.这样一侧的红色小珠就固定好了。

23.重复步骤19至步骤22，装饰好另一侧。

24.将一片月牙形的金属花片放在大号蝴蝶花片之下，可以将月牙形花片进行轻轻弯曲，使其有一个更好的角度。

25.使用焊锡工具将其固定。

26.将之前制作好的蝴蝶点翠花片放在刚刚固定好的大号蝴蝶花片之上。

27.用球形针穿上一颗小号的蓝色珠。

28.将蓝色珠插入月牙形花片两侧的孔内，一侧插入4颗，用尖嘴钳将两个相邻的球形针针尾拧紧、固定。

29.使用切线钳将多余的球形针针尾修剪掉。

30.用一根球形针穿上一颗金色小珠。

31.再用球形针穿上一颗蓝色小珠。

32.在月牙形花片边缘中间的位置上,穿上两颗蓝色珠和一颗金色小珠。

33.将刚刚穿上的3颗珠子固定到花片上。

34.使用切线钳将多余的球形针针尾裁剪掉。

35.在整个花片的中间空缺位置上再装饰一颗大号的金球,让花片变得更加饱满,并用焊锡笔将其固定。

36.准备一个发簪配件,将其放在制作好的花片下方。

37.使用焊锡笔将发簪配件固定。

38.用金属漆将背面固定点涂抹修饰隐藏。

39.这样一款点翠发簪就制作完成了。

注意事项

📍 提示

Ⓐ 要选择无残缺且完整的羽毛来制作真羽点翠饰品。

Ⓑ 点翠的图案需要标注编号,以免贴错位置。

Ⓒ 制作点翠饰品时羽毛要一次性黏合好,不要反反复复,以免使羽毛破损。

6.3.1 材料及工具

南宝树脂胶和相片胶水

毛笔、调色盘和调色托盘

染色羽毛

剪刀和镊子

铅笔和橡皮

宣纸和拷贝纸

金属花片和景泰蓝花片

铜丝、"9"字针、球形针、
圆形衔接环和发梳

准备直径为0.4mm的铜丝。

切线钳、圆嘴钳和尖嘴钳

焊锡架、焊锡丝和焊锡笔

金珠、蓝珠和蓝色亚克力条

金属漆和毛笔

6.3.2 制作步骤

1.用1：10的比例将南宝树脂胶和水进行调配，用毛笔将其搅拌均匀、待用。

2.用剪刀将染色羽毛下部绒毛部分修剪即可。

3.将调配好的胶水刷在羽毛上，使羽毛可以平铺在调色板上。

4.重复步骤2至步骤3，将两种颜色的羽毛涂上胶水。

5.将宣纸放在金属花片上，使用铅笔将花片凹槽的部分进行描拓。

6.将描拓好的宣纸放置在一张拷贝纸上，再进行描绘一次，这样宣纸的背面也有了花片的图形。

7.将宣纸背面的花片图形轻轻用铅笔标记。

8.用剪刀将描拓好的花片逐一剪下来，注意剪的时候可以预留一个边缘。

9.剪好后将其检查并整理好。

10.在剪好的宣纸正面涂抹南宝树脂胶。

11.将宣纸粘在羽毛的背面。

12.按与步骤10至步骤11同样的手法，将剩余的宣纸分别贴在两种颜色的羽毛背面。

13.放置一段时间，等待胶水变干，羽毛粘贴牢固后使用剪刀进行修剪。注意此次修剪需要沿之前绘制的铅笔痕迹进行修剪，将之前预留的边缘也修剪掉。

14.这样就将所有的羽毛全部修剪好了。

15.可以使用橡皮将宣纸边缘多余的铅笔痕迹擦掉。

16.在修剪好的羽毛上，涂抹透明相片胶水，按照标注的序号逐一贴在金属花片上。

17.黏合时需要注意每个花瓣要按照之前印拓的顺序来粘贴，不要粘贴错位。

18.粘贴时要一次到位，不要反复操作，粘贴好后放置一旁，等待晾干。

19.用切线钳取一段长约10cm的直径为0.4mm的铜丝。

20.在铜丝上穿上一个立体景泰蓝装饰，将其放置在铜丝中间。

21.将铜丝对折、拧转，再穿入一片金属花片。

22.在金属花片下方插上处理好的花片。

23.为了让后面装饰的花片更加富有立体感和层次感，在点翠的花片后面插上一颗金珠。

24.再插上一个镂空的三叶花进行装饰，轻轻调整好所有花片的朝向和位置。

25.使用焊锡工具将之前穿出的铜丝尾端固定在三叶花片背面。

26.取一片半弧形多孔花片，将其焊锡在三叶花背面。

27.这样点翠发梳的上半部主体就制作完成了。

28.取一根"9"字针，穿上4颗金珠和一颗蓝珠，使用圆嘴钳将"9"字针尾端弯转，形成一个圆形来加以固定。

29.再取一根"9"字针，穿上4颗蓝珠和一颗金珠，重复步骤28，将其固定。

30.再取一根球形针，穿上一根蓝色亚克力条，重复步骤28，将其固定。

31.用圆形衔接环将刚刚制作的3组串珠进行组合。

32.将组合好的串珠坠与做好的点翠花片下方的弧形多孔花片相连。

33.重复步骤28至步骤32，制作7组串珠坠，全部均匀地连接固定在弧形多孔花片上。

34.使用焊锡工具将发梳焊锡固定在点翠花片背面。

35.在花片背面焊锡点上涂抹金属漆。

36.一款别致的点翠发梳就制作完成了，可以制作一对装饰在发型上，也非常有效果。

6.3.3 注意事项

提示

A 绘制点翠图案时要耐心仔细，绘制越精细，作品则会越精致。

B 使用焊锡工具时要小心，不要将焊锡丝或焊锡笔触碰到点翠羽毛上，这样会损坏羽毛。

C 要保持点翠花片的平整，这样才可以使羽毛呈现更好的效果。

D 金属漆选择和花片一样的颜色，可以很好地隐藏焊锡点。

· 第7章 ·

手工皇冠配饰

7.1 常用工具及使用方法

(7.1.1) 铜丝的选择

根据不同的粗细可将铜丝分为不同的型号，常见两个颜色为金色和银色。

(7.1.2) 珠子及水晶的选择

皇冠的制作中会用到一些珠子或水晶来装饰，可以准备大小不一，颜色不一的水晶和珠子备用。

7.1.3 金属花片的选择

对于皇冠金属花片的选择，需要选择图案和造型比较有流线感的。如果制作欧式的皇冠，需要选择比较富有欧式复古风格的造型，还可以修剪或改造花片。

7.1.4 钳子的选择

Ⓐ 切线钳

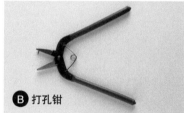

Ⓑ 打孔钳

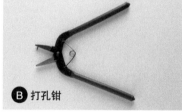

Ⓒ 尖嘴钳

Ⓓ 圆嘴钳

A 可以用来切断铜丝或金属丝。

B 可以用来在金属花片上打孔。

C 可以用来将金属造型。

D 可以用来将铜丝或者金属丝弯曲成圆形。

7.1.5 胶水介绍

透明材质的胶水：相片胶、B-7000。可以将金属、塑料花片和珠子等进行黏合并固定。

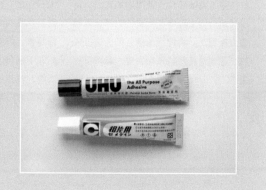

7.1.6 笔和金属漆的选择

可以用毛笔和金属漆涂抹焊锡点来隐藏固定点。需要选择和金属花片一样颜色的金属漆，可以使固定点达到更好的隐形效果。

7.1.7 焊锡工具

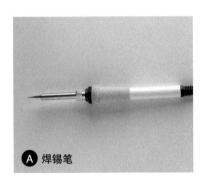

A 焊锡笔

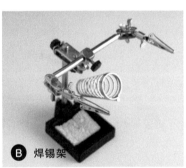

B 焊锡架

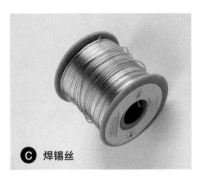

C 焊锡丝

是在中式发饰经常会使用到的工具，可以利用焊锡工具将花片或钻饰等金属材质连接固定。将焊锡笔插入插头进行预热，等到笔头已经预热完成，就可以使用了。

推荐选择有夹子的支架，利用焊锡架将需要焊锡的对象进行位置固定，方便焊锡制作，焊锡架上的夹子也可以单独拧转卸下使用。另外焊锡架下方还有一块海绵，作用是来清洗焊锡笔。提示：具体使用方法可见章节3.1.5。

可以买无铅环保焊锡丝，相对比较好。

7.2.1 材料及工具

切线钳

圆嘴钳

尖嘴钳

铜丝

准备直径为0.5mm的铜丝。

水晶珠

柱形水晶

LED灯

7.2.2 制作步骤

1．取一截长约100cm，直径为0.5mm的长铜丝。

2.用圆嘴钳将铜丝折叠并制作出一个圆头。

3.用尖嘴钳将制作好的圆头下方进行捆绑，加以固定。

4.用切线钳将多余的铜丝切断。

5.从铜丝的另一段穿上一颗水晶珠，将铜丝进行折叠。

6.预留约2cm的铜丝进行扭转固定。

7.重复步骤5至步骤6，将第2颗水晶珠固定。

8.重复步骤5至步骤6，再固定一些大小不一、形状各异的水晶珠，穿插更有效果。

9.固定一部分水晶珠以后，可以将拧好的水晶珠再相互拧转，减少水晶珠之间的空隙，并可以形成更好的造型。

10.重复步骤5至步骤9，继续拧制水晶珠，拧制时随时调整水晶珠的造型。

11.穿制完一段铜丝以后，再截取一段新的铜丝，将铜丝与之前的铜丝扭转衔接。

12.拧制水晶珠长约10cm，也可以根据自己想要的长度来制作。

13.用剩余的铜丝继续穿制柱形水晶。

14.将柱形水晶拉紧至水晶珠之间，用同样扭转的方法把更多的柱形水晶向反方向穿制，穿上制作好的水晶珠之中。

15.将铜丝再次绕回没有制作圆头固定扣的一段，预留约5cm的长度后用切线钳将铜丝剪断。

16.用圆嘴钳折叠剩余的铜丝，进行扭转。

17.用圆嘴钳在尾端制作固定圈。

18.取一个LED灯。

19.将灯缠绕固定在之前做好的水晶皇冠里。

20.每间隔约2cm的距离，缠绕一圈，缠绕时建议打开LED灯，方便查看固定的位置。

21.缠绕好后再次调整水晶皇冠的水晶珠位置和方向以达到最好的效果。

22.一款简单实用的水晶皇冠就制作完成了。

7.2.3 注意事项

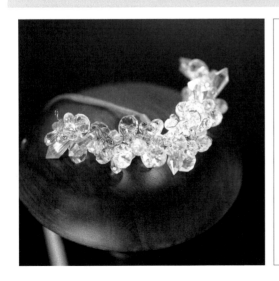

♀ 提示

A 在拧转铜丝时注意要随时调整水晶珠的位置，使其不要有空缺。

B 在缠绕LED灯时可以保持打开状态，这样会更加方便来调整灯泡的位置。

C 在佩戴时，可以将LED灯的电池盒部分隐藏在发髻里。

7.3.1　材料及工具

印度手环

金属花片

焊锡丝、焊锡架和焊锡笔

金属漆和毛笔

铜丝

准备直径为0.4mm的铜丝。

切线钳

尖嘴钳

镂空金属球

透明相片胶

镊子

装饰亮片

米珠

7.3.2 制作步骤

1.取一个印度手环，从手环中取出一圈，用手触摸手环，会发现每一圈手环上都有一个衔接口，将衔接口轻轻掰断即可取出单根手环。

2.将取出的手环轻轻掰开，使其开口变大，用来作为皇冠的底座。

3.取一款金属花片，使用焊锡工具将金属花片焊锡固定在底座上。

4.焊锡固定时需要保证花片与底座呈90度垂直固定，并且焊锡点越小越好，这样会显得更加精致。

5.再取两片形状一样的树叶形花片进行焊锡固定。

6.再取几片风格相似的花片进行焊锡固定，平均分布并填满底座即可。

7.使用切线钳截取一段长度约5cm，直径为0.4mm的铜丝。

8.穿上一颗中号镂空金属球，将其放置在铜丝中间，将铜丝两头进行对折。

9.再取一片金属花片，将镂空金属球穿上花片中心。

10.将铜丝尾端缠绕固定在底座上。

11.为了让花片更加牢固，可以使用焊锡工具将其焊锡加固。

12.使用切线钳将多余的铜丝切掉。

13.裁剪铜丝并穿上一颗大号镂空球和一片大号的花片。

14.将刚做好的花朵缠绕固定在底座上，固定时注意考虑整体花片搭配的效果，将大小花片穿插固定。

15.将尾端的铜丝与底座进行焊锡固定，注意焊锡点依然越小越好。

16.使用切线钳剪掉多余的铜丝。

17.使用与步骤8至步骤16相同的手法装饰底座，直至将底座填满。

18.在花片上涂抹一些透明相片胶。

19.用镊子取一片花片进行粘贴装饰。

20.在花片上继续涂抹胶水，涂抹时需要等花片已经固定后再涂抹。

21.再粘上一片小号的装饰亮片。

22.再涂抹相片胶在刚刚固定的亮片中心。

23.再粘上一颗同色系的米珠。

24.使用与步骤18至步骤23相同的手法，将皇冠上方装饰的花片局部进行装饰。

25.为了让皇冠变得更加有层次，继续涂抹胶水，粘上一些金属色系的花片作为点缀。

26.在皇冠下部的花片上涂抹透明相片胶，并粘一些同色系的米珠进行装饰。

27.可以将花片整个点缀米珠，这样和上面的亮片有一个对比效果。

28.也可以在下半部的金属花片上装饰一些和上面呼应的亮片，打破单一的装饰风格。

29.最后使用金属漆将皇冠背面的焊锡点涂抹、隐藏、晾干。

30.一款简单而实用的森系皇冠就制作完成了。

(7.3.3) 注意事项

♀ 提示

A 焊锡过程需要小心操作，不要将焊锡溶液滴在皮肤上，以免烫伤。

B 印度手环只需用手掰开即可，不要用切线钳或其他工具进行剪切，会使其变形。

C 装饰亮片的粘贴要注意逐层制作，等到下面一层晾干，再开始在上面一层继续粘贴，这样可以使其更加牢固。

7.4.1　材料及工具

切线钳和尖嘴钳

铜丝

准备直径为0.4mm的铜丝。

金属带

金属花片

镂空金属球

焊锡丝、焊锡架和焊锡笔

红色玛瑙珠和红珠

球形针

钻类

准备大号水钻、黄色水钻、蓝色水钻和水滴钻。

剪刀

金属漆

毛笔

(7.4.2) 制作步骤

1.使用切线钳截取一段约10cm的直径为0.4mm的铜丝。

2.取一段长度约20cm的金属带进行弯曲，用截取好的铜丝进行固定，形成一个圆形的皇冠底托。

3.取一片长款的金属花片，用手将其弯曲，注意弯曲时不要用力反复猛折，用手指使其轻轻弯曲即可。

4.再将弯曲的金属片侧边进行弯曲，让其更加立体。

5.使用与步骤3至步骤4相同的方法制作4片花片，注意一定要使其尺寸和弯曲的角度一致。

6.再截取一段铜丝，将弯曲好的装饰片的一端用铜丝绑好固定。

7.在刚才固定装饰片对面的位置，使用与步骤6相同的方法再固定一片弯曲好的装饰片。

8.取一段铜丝，将固定弯曲好的两个装饰片的中间位置穿上一颗镂空金属球进行固定。

9.在另外两端固定好剩余的两片弯曲装饰片，并将其的另一端也固定在中间的镂空金属球上。

10.将刚刚固定的这些金属花片，使用焊锡工具全部焊锡加固结实。

11.取一根球形针，将其穿上红色玛瑙珠和多边金属花片。

12.将其插在底托上，装饰在弯曲装饰片的下方，正好挡住其接口为宜。

13.用焊锡工具将插入的背面的针与底托背面焊锡固定。

14.在弯曲的花片顶端，再装饰一颗小号红珠和一颗金属球，也是使用球形针穿上固定。

15.用焊锡工具将其焊锡固定好。

16.使用与步骤11至步骤15相同的手法，将刚刚装饰的两部分每个都制作4个，并对称装饰在皇冠上，效果如图。

17.截取一段直径为0.4mm的铜丝，穿上一颗大号水钻。

18.将水钻固定在两个固定好的多瓣花之间，固定在底托上即可。

19.使用焊锡工具将其固定牢固。

20.使用与步骤17至步骤19相同的方法对称固定4颗水钻。

21.使用剪刀将一个对称设计的花片分成两片，效果如图。

22.使用步骤21中的方法一共修剪好4片小花片。

23.使用直径为0.4mm的铜丝穿上一颗黄色水钻并进行对折。

24.将水钻穿插入之前剪好的小花片上。

25.使用焊锡工具将其固定。

26.将4片小花片全部固定好。

27.将其焊接在之前固定好的红色大水钻之上。

28.使用直径为0.4mm的铜丝再穿上一颗蓝色水钻。

29.将其装饰固定在最早固定的弯曲花片中部。

30.使用焊锡工具将其加固。

31.检查一下所有的花片和装饰钻是否都牢固并且对称。

32.取一片大的金属花片，将一颗大的水滴钻固定装饰在中间，效果如图。

33.将装饰片尾部用尖嘴钳弯曲至90度，用于后期与皇冠连接固定。

34.使用焊锡工具将水钻先加固好。

35.再将大装饰片焊锡固定在皇冠的最顶部。

36.使用金属漆将皇冠背部的焊接点进行涂抹隐藏。

37.一款奢华的欧式皇冠就制作完成了。

(7.4.3) 注意事项

📍 提示

Ⓐ 焊锡过程需要小心操作，不要将焊锡溶液滴在皮肤上，以免烫伤。

Ⓑ 固定钻饰的时候要注意其方向，要整齐对称。

Ⓒ 金属漆要选择和花片一致的颜色，这样才可以达到隐藏的效果。

· 第8章 ·

热缩花卉配饰

8.1 常用工具及使用方法

8.1.1 热缩纸的选择

热缩纸材质呈半透明状，有不同的两个面，一面为光滑材质，另一面则为磨砂材质，可以在磨砂材质一面进行绘图和上色。热缩纸的特性是遇热会缩小，并且可以反复加热进行塑形。注意在制作热缩作品的时候，需要将花片以3~4倍的大小进行修剪，因为预热缩小以后花片会变小。

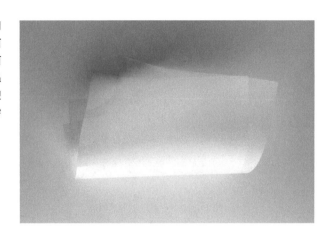

8.1.2 热风机的使用方法

使用热风机时需要先通好电源，然后手握风筒，将其出风口对准绘制好的热缩花片，打开开关，距离5~10cm的位置进行吹风加热，吹风时要注意不要将风筒对准手指，以免烫伤。使用完毕，拔掉电源将其自然冷却即可。

8.1.3 耐热盒子

在加热时需要准备一个可以耐热的盒子，将花片放置其中，这样可以避免因风筒风量大将花片吹散，更方便造型。

8.1.4 塑形棒

在对花片进行塑形时可以使用塑形棒，根据花片的大小来选择大小适合的塑形棒。在热风机对热缩花片进行吹风加热的同时，用塑形棒将花片进行按压，即可完成想要的造型。

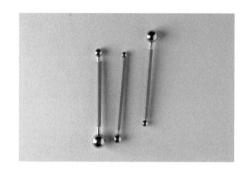

8.1.5 海绵垫

在对热缩花片的塑形过程中，需要将花片放置在海绵垫上，要选择密度高并且耐热的海绵垫。

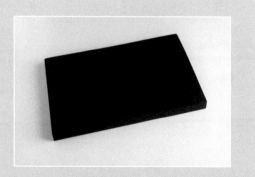

8.1.6 彩铅及色粉

可以用彩铅和色粉材料为热缩纸进行上色，用彩铅上色会有一定的肌理感，用色粉上色后，可以用毛笔工具将其刷匀，达到更饱满并无肌理的效果。

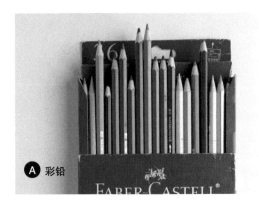

Ⓐ 彩铅

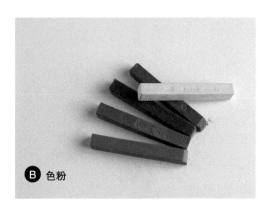

Ⓑ 色粉

8.1.7 钳子的介绍

Ⓐ 切线钳

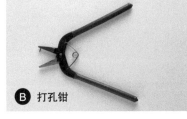

Ⓑ 打孔钳

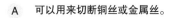

Ⓒ 尖嘴钳

Ⓓ 圆嘴钳

A　可以用来切断铜丝或金属丝。

B　可以用来在金属花片上打孔。

C　可以用来将金属造型。

D　可以用来将铜丝或者金属丝弯曲成圆形。

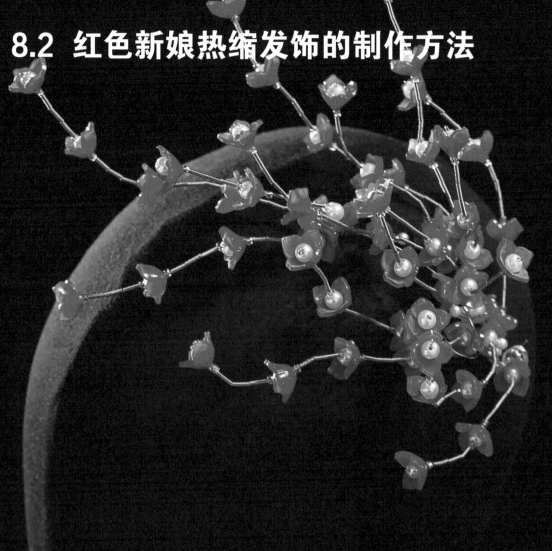

8.2 红色新娘热缩发饰的制作方法

8.2.1 材料及工具

铅笔和橡皮

热缩片和热风机

锥子、剪刀和镊子

选择手柄带海绵的镊子以防被烫伤。

色粉

海绵垫、塑形棒和耐热盒子

铜丝

准备直径为0.5mm的铜丝。

切线钳、圆嘴钳和尖嘴钳

珍珠和米珠

金属圈

透明相片胶

高光封层涂料

发梳

8.2.2　制作步骤

1.在热缩片上绘出需要制作的花形，注意绘在热缩片磨砂的一面。

2.用剪刀修剪好花形。

3.用橡皮擦去之前在热缩片上绘制的铅笔痕迹。

4.用色粉在剪好的花片上涂满颜色，注意涂在热缩片的磨砂一面。

5.将花片放入耐热盒子中，用镊子轻轻捏住花片，用热风机对准花片进行吹风，直到热缩花片收缩至不再收缩为止。

6.把热缩花片放在海绵垫上，开启热风机对花片进行二次加热，同时用塑形棒对花片进行按压塑形到满意为止。

7.再次使用热风机对花片进行3次加热，同时用锥子在花片中间戳一个洞，注意洞口不要太大，直径约2mm即可。

8.截取一段长约15cm，直径为0.5mm的铜丝。

9.用圆嘴钳将铜丝扭转成一个圆形。

10.用圆嘴钳封口，使其形成一个"9"字形。

11.从铜丝的另一端穿上一颗珍珠至顶部。

12.穿上一朵制作好的花，推到珍珠下方。

13.穿上一颗米珠，推到花的下方。

14.穿3段金属圈，推至米珠的下方。

15.再穿一颗米珠，推到金属圈的下方，结束第一组制作。

16.用与步骤11至步骤15相同的方法继续穿制几组。

17.结束整组穿制以后，在最后的米珠位置涂抹适量胶水并晾干，以达到固定的作用。

18.用高光封层涂料涂抹在热缩花外层，以达到光亮的效果。

19.把做好的花枝用剩余的铜丝固定到发梳的第一个齿缝里。

20.翻过发梳，将花枝铜丝对折并拉紧。

21.用尖嘴钳把铜丝尾端固定在发梳外侧，注意一定要将铜丝尾端按压并隐藏到合适的位置，以免佩戴时刮乱头发。

22.使用与步骤19至步骤21相同的方法固定其他的花枝，注意花枝可以长短不一搭配固定。

23.完成所有花枝的制作，实用的热缩花头饰便制作完成了。

8.2.3 注意事项

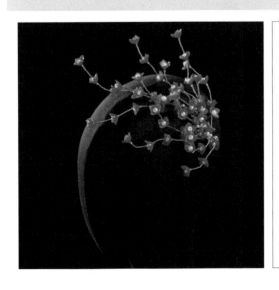

📍 提示

A 使用热风机时注意不要朝向皮肤位置，不要用手指直接固定花片，以免高温烫伤。

B 热缩花片可以反复塑形，预热即会变软，可以多次进行塑形。

C 热缩花片缩至最小后，无法再次塑形。如果需要将花片加热制作成不规则状，可以局部保留不将其缩至最小。

D 高光封层涂抹在彩笔绘制的一面，自然晾干即可。

8.3.1 材料及工具

铅笔、橡皮和色粉

热缩片和热风机

塑形棒、耐热盒子

金属花片、金属花枝和金属花蕊

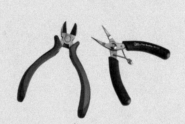
尖嘴钳和切线钳

焊锡丝、焊锡笔和焊锡架

球形针、圆形衔接环

剪刀、锥子和镊子

白水晶和流苏穗

铜丝和发簪
准备直径为0.4mm的铜丝。

透明相片胶

金属漆和毛笔

8.3.2　制作步骤

1.在热缩片上先绘制一下花样图形。

2.将绘制好的花样图形用剪刀修剪好。

3.用橡皮将花片边缘的铅笔痕迹擦干净。

4.使用色粉对花片进行上色，选择同色系的颜色进行深浅渐变绘制，先将深色色粉涂抹在花片的四周。

5.再使用浅色的色粉将花片中部涂抹，在中间预留一小部分作为花蕊。

6.为了让花片渐变更平滑，可以再使用毛笔将深浅两色的颜色中间进行涂抹。

7.取一个耐热盒子，将花片放置在内，使用一个塑形棒将花片按压住，再开启热风机将花片加热开始定形。

8.花片遇热后开始变小，缩至不再缩小即可。在加热过程中，使用塑形棒将花片进行按压塑形，同时还需要使用锥子将花蕊中心戳一个洞。

9.选取一片适合刚刚制作好的热缩花大小的金属花蕊。

10.取一根球形针依次穿上一颗和热缩花一样颜色的白水晶、金属花蕊、热缩花。

11.将球形针多余的部分缠绕在金属花枝上。

12.使用焊锡工具将缠绕的部分焊锡加固。

13.用切线钳将多余的部分剪掉。

14.检查一下花枝是否牢固。

15.取一片6叶花片，使用剪刀将其剪开成6片小花片。

16.将每一片小花片都用剪刀修剪好。

17.将小花片焊锡在刚刚制作好的热缩花旁边。

18.取一颗白水晶，使用球形针将其穿上一片金属花片上。

19.将多余的球形针捆绑在花枝上，位置需要和之前固定好的热缩花相搭配。

20.使用焊锡工具将其固定好。

21.使用切线钳将球形针多余的部分修剪掉。

22.这样一个花枝就制作完成了。

23.使用切线钳取一段长约20cm的直径为0.4mm的铜丝。

24.将铜丝一端缠绕在制作好的花枝上，注意可以多缠绕几圈使其更加牢固。

25.将铜丝的另一端缠绕固定在发簪上，可以反复缠绕在两个孔内，使其足够牢固稳定。

26.使用与步骤1至步骤8相同的方法再制作一朵热缩花，可以将花形塑形得更加多变。

27.取另一款带有花托的金属花枝，在花托中心涂抹一些透明相片胶。

28.将制作好的热缩花粘在花托上。

29.继续在热缩花中心涂抹透明相片胶。

30.取一个金属花蕊，将其粘在热缩花上。

31.使用与步骤15至步骤17相同的方法将花枝上的两个花托全部粘贴制作好。

32.在制作好的花枝上,再焊锡固定一朵水晶花进行搭配。

33.使用与步骤1至步骤22相同的方法,再制作一枝花枝,使用直径为0.4mm的铜丝进行捆绑固定。

34.将制作好的花枝进行组合,将其也缠绕捆绑在发簪上。

35.缠绕时可以将其在发簪上多个孔内进行捆绑,一定要将其捆绑、固定稳固。

36.在组合时,需要注意花枝之间的前后层次,使其整体更加有造型感。

37.取一片三叶镂空花片,使用球形针依次穿上小白水晶、花蕊和三叶花片。

38.用焊锡工具将其固定在自带花托的花枝上。

39.固定好后检查一下花枝是否牢固。

40.再焊锡固定一朵水晶花进行装饰。

41.这个花枝就制作完成了,再检查一下是否牢固。

42.使用与步骤23至步骤25相同的方法将花枝缠绕固定在发簪上。

43.将铜丝缠绕固定好,并将铜丝尾部收纳隐藏好。

44.这样发簪的主体就制作完成了。

45.取一个大号的圆形衔接环,将一个同色系的流苏穗进行固定。

46.将其固定在发簪下方。

47.使用金属漆将发簪背面的焊锡点涂抹修饰好。

48.一款奢华精致的热缩发簪就制作完成了。

8.3.3 注意事项

提示

A 焊锡过程需要小心操作，不要将焊锡溶液滴在皮肤上，以免烫伤。

B 使用热风机时注意不要朝向皮肤位置，不要用手指直接固定花片，以免高温烫伤。

C 热缩花片可以反复塑形，预热即会变软，可以再次进行塑形。

D 金属漆要选择和花片一致的颜色，这样才可以达到隐藏的效果。

· 第9章 ·

立体花卉配饰

9.1 常用工具及使用方法

9.1.1 布料的选择

可以根据自己的需要随意选择布料，没有太多的限制。

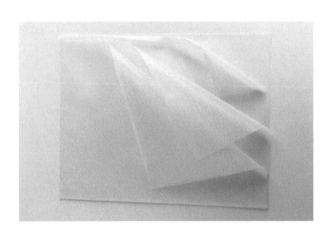

9.1.2 绣绷的介绍

选择手持或者桌面绣绷都可以。绣绷的使用方法可参见章节2.1.3。

9.1.3　珠子和亮片装饰

可以选择各种珠子和亮片进行绣制，例如金属
花片、钻链、米珠和树脂片等。

9.1.4　胶水及锁边液

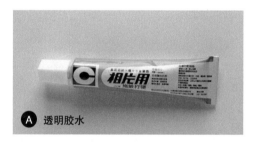

A 透明胶水

B－7000、透明相片胶等都可以选择。透明胶水质
地透明，晾干后呈透明状，适用于黏合金属和树脂
等材质。

B 锁边液

将锁边液涂抹在布料边缘，或者绣制针脚边缘，
可以让其牢固不易脱线。

9.1.5　金属花片

金属花片种类繁多，在选择的时候可以根据
作品需求来选择样式，选择相对立体的花片来增
加花卉制作的立体效果。

9.1.6 钳子的介绍

Ⓐ 切线钳

Ⓑ 打孔钳

Ⓒ 尖嘴钳

Ⓓ 圆嘴钳

A　可以用来切断铜丝或金属丝。

B　可以用来在金属花片上打孔。

C　可以用来将金属塑型。

D　可以用来将铜丝或者金属丝弯曲成圆形。

9.2.1 材料及工具

针

线

发带

金属花枝

金属花片

大号单孔亮片

米珠

中号和小号亮片

管珠

金珠

剪刀

钻链

9.2.2 制作步骤

1.将针线穿好打结，将针从下而上从发带中间穿出，并穿上金属花枝固定环内。

2.一手固定好花枝的位置，一手将针线从花枝的缝隙中，由上而下穿回发带下面将花枝固定。注意要多固定几针，使金属花片更加牢固。

3.使用与步骤1至步骤2相同的方法，再固定一个树叶形金属花片，紧挨花枝旁边，在发带中间位置。

4.取一片大号圆形的单孔亮片，用手指以孔的位置为中心轻轻弯曲，使亮片变得更加立体。

5.将针线从下而上穿过亮片的固定孔，再穿上一颗金色的小米珠，将其穿在两个金属花片之间。

6.将针隔过小米珠，反穿回亮片固定孔内，并再穿回发带下方，将其固定。注意要多缝制几次，使其更加牢固。

7.再将针线从下而上穿出发带，紧邻刚刚固定的亮片。

8.再取一片同色系的中号亮片，也使用与步骤4相同的方法将其折叠。

9.使用与步骤5至步骤6相同的方法，将其通过小米珠反穿，再次进行固定。

10.再次将针线穿出发带，位置在刚刚固定的亮片下方。

11.再取一片小号的亮片，用手将其弯曲折叠。

12.使用与步骤5至步骤6相同的方法将其固定在发带上。

13.继续用针线固定一片金属花片在花带之上。

14.取一片超小号的亮片，用手将其折叠弯曲。

15.将其缝制固定在金属花片中心位置。

16.将5片同样的亮片都缝制在金属花片的中心，将它们调整成放射状。

17.将针收回发带之下，进行固定。

18.这样就完成了一小块发带的缝制。

19.下面再缝制一个大号的花片，将其固定在之前制作的花片旁边。

20.将针从下而上，从花片的固定孔穿出，并将针线在花片四周的花片之间下针从而将其固定好。

21.使用与步骤5至步骤6相同的手法，固定一片弯曲好的亮片，穿上花片中心位置，并用小米珠反穿的方法将其固定。

22.在这个花片上固定5片花瓣即可。

23.将针从下而上穿出，穿上8颗小米珠，然后将针隔过最上面的一颗小米珠。

24.将针再穿回下方7颗小米珠，然后穿回发带进行固定，制作一个花蕊。

25.重复步骤23至步骤24，再制作一根花蕊，注意花蕊可以反复穿几次，这样花蕊更结实、更立体。

26.在第一个缝制的花枝中间将针从下而上出针。

27.在花枝上再装饰一朵金属小花，将其与其他的装饰进行呼应。

28.使用与步骤14至步骤16相同的方法，在花片的中心装饰一些小亮片。

29.在花片的花叶下方位置出针穿上一颗管珠。

30.再穿上一颗大号多面金珠和一颗小号金珠，将其下针进行固定。

31.在原位置出针，继续穿制几组管珠与金珠进行装饰。

32.一直向发带的一侧进行缝制，这样就拉出了一条好看的装饰线。

33.使用与步骤25至步骤32相同的方法，在反方向穿制一条装饰线。

34.用剪刀剪一段钻链。

35.将钻链进行固定，在钻与钻之间用线横向将其固定。

36.将钻链的每一颗钻都进行固定，固定时要先将钻链进行塑形，形成一个曲线形。

37.用与步骤34至步骤36相同的手法固定几条不同长度的钻链，使发带更加闪耀丰富。

38.将两侧都装饰上钻链，注意钻链的走向和形状需要提前设计好，这样发带装饰就更加协调美观了。

39.这样一款闪耀实用的立体花片发带就制作完成了。

9.2.3 注意事项

📍 提示

Ⓐ 在将亮片折叠压痕的时候一定要保证每一个折痕都在亮片的中间位置。

Ⓑ 缝制管珠时要注意其头尾朝向，不要过于倾斜，会显得不够精致。

Ⓒ 发带的长度可以多预留一些，这样佩戴时可以有更多的发挥空间。

Ⓓ 缝制钻链时，为了让造型感更加流畅，需要在每一颗钻链之间都进行固定。

9.3.1　材料及工具

绣绷

欧根纱

网纱

铜丝

准备直径为0.4mm的铜丝。

切线钳

米珠

针和线

剪刀

锁边液

金棕色水晶

长杆花蕊

发梳

9.3.2　制作步骤

1.将网纱和欧根纱两层同时固定在绣绷上。

2.用力拉扯绣绷四边外的纱使纱更平整。

3.用切线钳取一截约8cm长的铜丝。

4.将金色米珠穿到铜丝上。

5.将穿好米珠的铜丝进行对折，在根部进行扭转固定。

6.用手将铜丝进行调整，使穿制米珠的位置形成一个圆。

7.将线穿针打结，准备就绪。

8.从绣绷背面出针，开始固定铜丝。注意出针位置在铜丝的基部。

9.绕过米珠，在铜丝内侧下针，以便固定铜丝。

10.在与铜丝内侧间隔约0.3cm处出针。

11.垂直绕过米珠在铜丝外侧出针。

12.拉紧绣线，使铜丝牢固的固定在绣布上。

13.使用与步骤9至步骤12相同的手法，将铜丝固定一周。

14.缠绕一周后回到铜丝基部下针。

15.翻过绣绷，进行收针。

16.在根部打结来固定并收针。

17.用剪刀剪断绣线，完成铜丝固定。

18.将绣布刚刚固定的米珠背面进行涂抹锁边液，并晾干。

19.用剪刀沿着铜丝剪开。

20.将铜丝完全剪下并修剪好，重复步骤3至步骤19，制作15个花瓣。

21.取一段长度约15cm，直径为0.4mm的铜丝。

22.将金棕色水晶穿到铜丝上。

23.对折铜丝后进行扭转。

24.将铜丝扭转约3cm的长度。

25.从铜丝尾端穿上第2颗水晶。

26.预留约3cm的位置再次进行扭转。

27.并穿入第3颗水晶进行扭转。

28.做好3颗水晶后将多余的铜丝再次进行扭转。使用与步骤21至步骤28相同的手法再制作5组水晶花蕊。

29.将之前缝制做好的铜丝花瓣和水晶花蕊进行组合。

30.用铜丝在组合好的基部进行缠绕固定。

31.使用与步骤29至步骤30相同的方法，在向下约1cm的位置再组合下一层的花瓣。

32.同样用铜丝缠绕固定好后形成多层次的立体花形。

33.剪去多余花茎，注意需要预留缠绕时多余的铜丝。

34.取一簇长杆花蕊用铜丝进行缠绕固定。

35.预留约4cm的长度剪去多余的花蕊杆。

36.和之前做好的铜丝花瓣进行组合，用铜丝缠绕，并剪去多余的花茎。

37.用之前预留的铜丝将花组合并缠绕，固定在发梳上。

38.用与步骤37相同的方法缠绕固定多组花和水晶组合。

39.时尚大气并实用的立体花卉发饰就制作完成了。

9.3.3 注意事项

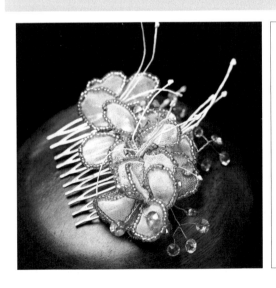

📍 提示

Ⓐ 发梳铜丝的缠绕要规整有序。

Ⓑ 长杆花蕊的长度可以根据需要修剪。

Ⓒ 涂抹锁边液以后，一定要自然晾干后再进行修剪。